创富人生

CHUANG
FU
REN SHENG

国信证券 编写

浙江教育出版社·杭州

本书编委会

主　　编：何　如

副 主 编：邓　舸

编　　委：杜海江　徐敬耀　王继翔　郑从文

编写人员：黄荐轩　袁　磊　谢永丹　李海霞　姜　明

> 如果你不能及时教孩子有关金钱的知识，那么将来就有其他人来取代你，比如警方或债主，甚至是骗子。让这些人来替你对孩子进行财商教育，恐怕你和你的孩子将会付出更大的代价。
>
> ——罗伯特·清崎

随着时代的发展、社会的进步以及科学技术的日新月异，各种经济现象层出不穷，各种金融工具、金融产品已经渗透到了社会生活的每一个角落。财商素养是生存能力的重要组成部分，是当今社会每一个人必须具备的基本素质，直接关系到个人一生的发展和幸福。

财商素养，是指个体必备的财经知识、理财技能、财富观念与人生信念等基础修养，它包括两方面的能力：一是认识财富倍增规律和创造财富的能力，二是驾驭财富及运用财富的能力。

目前，全球至少有40个国家（地区）已将财商教育纳入中小学基础课程，美国从 20 世纪 70 年代就在学校里渗透财商教育，开设相关课程，将理财教育称为"从3岁开始实现的幸福人生计划"；法国的父母在孩子三四岁时就开始对他们进行"家庭理财课程"的教育；日本的孩子从小参加以赚钱、花钱、存钱、与人分享钱财、借钱、投资为主要内容的财商教育课程。在中国，财商教育尚未得到广泛的普及。社会上涌现出越来越多的"校园贷"引发了暴力催收、裸条贷款、"求职贷"等违法违规现象，严重危害校园安全和学生的合法权益，造成了不良的社会影响，也从另一个侧面说明财商教育亟待加强。

除了弥补我国财商教育的短板，实施财商教育更是适应未来我国经济社会发展的需要。从国家层面看，中国未来的经济发展需要大量高素质的专业人才，深入开展财商教育，提高公民的财商素养，是维护国家金融安全、促进经济高质量发展的重要抓手。从社会层面看，加强财商教育，提高青少年的领导能力、决策能力和管理能力，对于维护社会稳定、推动企业发展有着积极作用。从个人层面看，提高财商素养，有助于应对复杂多变的经济形势，保障财务安全和实现财务自由。

2018年1月23日，中国教育科学研究院、中国财经素养教育协同创新中心共同发布了《中国财经素养教育标准框架》，正式将财商教育纳入从幼儿园到大学的素质教育体系。在此背景下，为了提高青少年的财商素养，推动投资者教育纳入国民教育体系，国信证券相关专业人士以《中国财经素养教育标准框架》为纲，从学生需求和实践角度出发，编写了《校园财商素养系列丛书》。本套丛书分为《财商启蒙》《财商管理》《创富人生》三册，其中《财商启蒙》适用于小学阶段，旨在帮助学生树立正确的金钱观和财商意识，了解储蓄、消费、投资以及风险的基本概念和基本的宏观经济金融知识；《财商管理》适用于中学阶段，旨在帮助学生了解与个人理财有关的基本的经济学知识，掌握基本的理财技能，增强风险意识和法治意识，培养商业思维和商业意识；《创富人生》适用于在校大学生，旨在培养学生创造财富、管理财富的思维、知识和技能，为职业生涯打好基础。

本套丛书既可以作为校园财商课程的配套教材，也可以作为校园课外读物。通过介绍财商知识、技能和实践案例等，帮助青少年提高财商素养，规划财富人生，是我们编写《校园财商素养系列丛书》的初心，也是我们作为一家国有大型综合型金融企业应有的社会责任与使命担当。投资者教育任重而道远，我们希望通过《校园财商素养系列丛书》，为财商教育做出积极贡献。

2020年8月

目 录 contents

财富百态

通过本单元的学习，我们可了解财富的存在形式，有形财富的功能、流动性、风险等特征，以及无形财富对投资理财的重要性。

导语 J.P.摩根是全球顶尖的综合性金融公司。1838年，美国银行家乔治·皮博迪在英国伦敦创办了皮博迪公司，后由摩根家族继承。约翰·皮尔庞特·摩根（1837—1913）是最著名的"摩根"。1882年，皮尔庞特年收入已达50万美金。1913年前，摩根家族的金融版图就已横跨欧美大陆，并将资本的触角延伸至铁路、炼钢、航运等众多工业领域，是众多托拉斯的主宰。皮尔庞特不仅拥有豪华游艇，还有具备奶牛场、山岗、图书馆的乡村庄园。在私人图书馆里，他收集了许多欧洲艺术品和具有浪漫主义色彩的历史文物。据统计，他的收藏品包括225件象牙制品、140件文艺复兴时的陶器、150件欧洲大陆的银器。在他去世时，这些收藏品估值约达5000万美金。据说他想要积累一大批艺术品，这样美国人就不用去欧洲学文化了。作为世界性的大财团，摩根家族的财富超出常人的想象。究竟什么是财富呢？

创富人生

会计学对资产的定义是："由企业过去经营、交易或是事项中形成的，由企业拥有或控制的，预期能给企业带来经济利益的资源。"将会计学意义上的资产从企业延伸到个人，就是人们拥有的有形财富。从资产配置的角度，人们需要对自己的财富进行分工，满足日常生活开支、保值增资乃至更高的需求。

一、现金类资产

现金类资产是可以及时变现，又能产生一定利息收益的资产，主要包括银行存款和货币市场投资品。在互联网技术还没有与金融工具相结合的时候，人们需要持有一定的现金来满足日常开销。在互联网时代，人们有更多的选择来满足随时变现又能获得一定利息收益的需求。

（一）银行存款

银行存款是最常见的现金类资产。在我国，银行存款的安全性较高，活期存款可以随时存取或支付使用，但是利息较低。2019年，我国活期存款年利率为0.35%。

（二）货币市场投资品

货币市场是指期限在一年以内的金融资产交易市场，主要包括国库券、商业票据、银行承兑票据、可转让定期存单、回购协议等，具有期限短、流动性强、风险小的特点，功能是保持金融资产的流动性，参与者主要是商业银行、非银行金融机构、政府及企业。2013年，我国第一只互联网货币基金——余额宝诞生。余额宝将普通居民的零散资金集中起来，通过协议存款获得较高的存款收益率。初期的余额宝年化收益率一度达到7%，还能随时存取或支付，一经推出便迅速发展，引发"存款搬家"的讨论。互联网货币基金成为金融市场的一条"鲇鱼"，唤醒了居民的理财意识。从2013年起，互联网公司、银行、证券公司等纷纷推出类似的货币基金或者资管产品。银行渠道的货币基金与余额宝类似，证券公司的现金管理类资管产品则可以在不影响开市交易的情况下，实现定期存款收益、灵活存取的功能。除去这些新型的现金类理财产品，还有一种选择是债券逆回购。在季末、年末等市场资金紧张的时间段，国债逆回购的年化收益率相对可观，且风险较小，可以作为短期理财的选择。

二、理财资产

（一）固定收益类投资品

　　固定收益类产品通常会约定在一定的期限内给予约定的年化利息，典型如长期国债、定期存款、债券，以及用各种金融工具构建的资管产品。近年来，还出现了一种"类固收产品"。这种产品一般也会确定一个期限，不同的是其收益由"固定收益＋浮动收益"构成。浮动收益一般与股票市场的表现挂钩，比如一年内中证500指数的涨幅，其收益的形式可能有上限无下限，也可能有下限无上限，不同金融机构设计的产品收益结构不尽相同。

（二）权益类投资品

　　权益类投资品不像固定收益类投资品一样约定利息，其收益随市场的波动而波动。股票是常见的权益类投资品。股票是股份公司发行的表示股东按其持有的股份享有权益和承担义务的可转让凭证，代表股东对公司的所有权。股东可以凭借股票来证明自己的股东身份，参加股份公司的股东大会，对股份公司的经营发表意见，并参加公司的利润分配。由于上市公司的股份可以在交易所实时买卖，短期受市场供求、投资者预期影响，价格波动很大。所以，股票的选择和配置比例对个人财富的影响很大。

　　证券投资基金是一种更符合大众投资者的权益型投资品，是指通过发行基金份额或基金股份的方式，汇集不特定多数且具有共同投资目标的投资者的资金，委托专门的基金管理机构进行投资管理，实现利益共享、风险共担的投资工具。根据资金的主要投向，可分为股票型基金、混合型基金、债权型基金。相比于个人投资，基金由专门的基金管理人管理，并采用组合投资的方式，一方面能够发挥从业人员的专业优势，另一方面能分散个股风险，提高投资的安全性和收益率。截至2018年，美国基金规模达到21.1万亿美元，占全球基金市场比重的45%；欧洲基金规模16.5万亿美元，占全球基金市场比重的35%；亚洲及大洋洲（不含中国）基金规模6.4万亿美元，占比14%；中国基金市场规模1.8万亿美元，占全球基金市场比重的4%，约相当于美国的8.5%。而2018年，中国国内生产总值占全球的比重为16.1%，相当于美国的66%。由此可见，中国基金业还有很大的发展空间。

（三）金融衍生品

金融衍生品是在货币、债券、股票、大宗商品等基础投资品之上产生的带有杠杆性质的金融工具。它的衍生性主要体现在其价值取决于基础投资品价值的变动。金融衍生品起初是工商企业或股票投资者用于锁定成本、收益进行风险管理的工具，后来由于具备"以小博大"的特性，其投机的功能也逐渐凸显。金融衍生品主要有远期、期货、期权、互换，普通投资者能够自主交易的衍生品一般有期货、期权。截至2020年6月，我国目前有大连商品交易所、郑州商品交易所、上海期货交易所、中国金融期货交易所、上海能源交易所5家期货交易所。2015年2月9日，上证50ETF期权于上海证券交易所上市，是国内首只场内期权。2017年3月31日，豆粕期权作为国内首只期货期权在大连商品交易所上市。2017年4月19日，白糖期权在郑州商品交易所上市。2019年12月23日，上交所和深交所上市交易沪深300ETF期权合约。

📖 相关链接

哲学家泰勒斯

泰勒斯（约公元前624年—公元前546年），出生于古希腊繁华的港口城市米利都，米利都位于今天土耳其的西南海岸。他是古希腊最早的哲学家和科学家之一，也是米利都学派的奠基人之一，希腊七贤之首。在哲学上，他首先摆脱神创说，提出水是万物的本源，其思想被视为西方哲学的开端。科学上，泰勒斯以天文学和航海学知识著称，古希腊历史学家希罗多德在《历史》中记载，泰勒斯曾准确地预见了公元前585年5月28日的日食。

据说，泰勒斯还是第一个利用期权交易致富的人。泰勒斯运用自己的天文学知识，在冬季就预测到橄榄将在来年春天获得丰收，于是，他用自己所有的积蓄在冬季以低价取得了希俄斯岛和米利都所有压榨机的使用权。当春天橄榄获得大丰收时，每个人都想要找到压榨机。这时，泰勒斯就将压榨机以高价出租，结果大赚一笔。最终，他向世界证明，只要哲学家愿意，他们都可以很容易成为富人。

（四）保险产品

保险是投保人根据合同约定，向保险人支付保险费，保险人对于因合同约定的可能发生的事项造成的人身或财产等的损失承担给付保险金责任的商业行为，保单完整地记载了有关保险双方的权利义务。保险的主要功能是为了防范重大风险。在生活中，一旦发生事故或者重大疾病，医疗费用对大多数家庭而言都是沉重的负担，通过保险则至少可以得到适当的货币补偿。由于保险在未来能够在特定的条件下带来经济利益，所以保单也可以作为一项资产进行抵押来获取贷款。

三、实物资产

（一）房产

房产是中国居民最熟悉的财富。2000年以来，中国的房价大幅上涨，对居民的生活水平产生了很大的影响。据统计，从2001年到2016年，上海住房均价从4000元上涨到了42000元，复合年化收益率为16.97%。住房的升值给拥有者带来巨大的财富增值，没有住房的居民则越来越难以追赶房价上涨的脚步。房价上涨到一定程度，对经济发展产生了一些负面影响，因此2016年年底的中央经济工作会议提出，"房子是用来住的，不是用来炒的"，"房住不炒"成为原则。房产作为大金额、具有刚需性质的交易商品，投资时必须慎重。在考虑资金预算的同时，还要重点关注开发商品质、区位因素、户型结构等。

（二）收藏品

收藏品是具有科学研究价值或艺术欣赏价值的稀有物品，可以分为自然、艺术、人文和科普四类。自然类包括昆虫标本、海洋生物及标本、奇石等，艺术类包括微雕、茶具、石刻、书画等，人文类包括稀有古籍、古钱币等，科普类包括钟表、藏酒等。收藏品的价值与其年代的长久、艺术成就、研究价值、稀缺性有关。一般情况下，年代越久远、艺术成就越高、越是稀少，价值就越高，比如北宋书法家黄庭坚、元代书法家赵孟頫等的真迹拍卖成交价达到了上亿元。黄庭坚的《砥柱铭》在20世纪上半叶曾被日本京都藤井有邻馆所收藏。2000年，我国台湾一位收藏家以接近6000万元人民币的价格购入《砥柱铭》，到了2010年，在保利五周年拍卖会上，这幅大字行楷书以4.368亿元人民币成交，而赵孟頫的《松雪道人奉为日林和上书心经》以1.909亿元人民币成交，可见历史悠久、凝结人类智慧的艺术作品是一笔巨大的财富。值得注意的是，收藏品不像标准的金融产品那样有固定的市场，它的交易可能局限于有特定爱好的人群，并且需要专业的学识才能鉴别真伪。

四、无形财富

现实生活中，人们常常提到的财富基本如前文所述，是一些看得见摸得着的有形财富，但是人们往往忽视了个人无形财富的重要性。一个人的无形财富是创造有形财富的"软实力"，从某种意义上来说，拥有无形财富是创造有形财富的前提。无形财富包括一个人的逆商、情商、智商、学历、专利权、专业能力，以及社会资源等。除去智商受先天遗传影响较大之外，其他资源、品质大多都能通过个人后天的努力获得。

⚙ 知识拓展

股票有哪些类型？

股票的种类繁多，根据不同的标准有不同的分类。根据股东权利的不同，可以分为普通股和优先股。普通股是股份有限公司最重要、最基本的股份，其持有者是构成股份有限公司股东的基础成员。普通股股东具有经营参与权、收益分配权、认股优先权、剩余资产分配权。在公司破产清盘时，在公司清偿债务和资产分配给优先股股东之后，剩余资产可按普通股股东所持有股份进行分配。

优先股是在取得股东股息和剩余财产索取权方面比普通股享有优先权的股票。优先股约定股息率，优先清偿剩余资产，即破产清算时，优先股股东分配优先于普通股、风险小于普通股，但是一般没有经营参与权和选举权，不能上市交易。

🎓 复习思考

股票的价值是什么？

🌐 实践拓展

请找出一个成功的名人案例，说说他是如何一步步积累自己的财富的，并分析其财富持有形式对其财富变动的影响。

变动中的财富

单元提示

通过本单元的学习，我们要树立财富是动态变化的思维，理解影响财富变动的宏观因素和微观因素，并对国内外投资理财产品、期限、风格、行业的变化有所认识。

导语 2019年1月，上证指数在经历了一年的调整之后，从2440.91点开始持续上涨，到3月份上涨将近600点。小赵炒股多年，看见行情大好，便将20万元投入股市。由于追逐热点、频繁交易，小赵半年内股票累计成交700多万元，但是资产却缩水了60%。小钱是一位很"懒"的投资者。在2018年股市大幅下挫之时，小钱用80万元资金购买了固定收益产品、指数基金、主动管理基金、股票等，股票总成交量才20多万元，最终盈利数万元。为什么小赵和小钱的投资结果差别如此之大？我们应该形成怎样的投资思维呢？

第一节 影响投资成败的因素

一、逃不开的周期

（一）经济周期与金融周期

在经济的运行过程中，既有以生产实物商品、提供服务的经济活动，也有提供信用的金融活动。比如，某开发商建造了一栋楼房，每套房子售价100万元。某消费者只有50万元资金，如果不去银行贷款50万元，他就无力购买住房，开发商也无法获得一套房子的收入。于是，消费者凭借相关证明，向银行申请贷款。银行审核通过后，向其发放50万元的住房抵押贷款，并要求贷款人在未来的若干年偿还利息。这样，开发商实现了收入，消费者购买了房子，银行获得了利息。在这一经济运行过程中，开发商建造并销售住房就是生产实物商品的经济活动，银行提供贷款就是金融活动。受各种因素的影响，这两种活动的规模会呈现周期性的变动。某些年份开发商建造的房子很多，而某些年份很少；某些年份消费者很容易获得购房贷款，而某些年份银行发放贷款非常谨慎。所有生产实物商品、提供服务的企业总体发展趋势有规律的扩张和收缩就是经济周期，而货币和信用等金融变量有规律的扩张和收缩就是金融周期。

经济周期与金融周期的联合传导路径可以简单概括为：信用扩张—价格上涨—企业盈利改善—投资和库存增加—经济产出增加—利率上涨。当货币大规模增发引起信用扩张时，长期来看，发生通货膨胀只是时间问题。从中国经济历史数据看，狭义货币供应量M1通常领先工业企业利润涨跌约2个季度，工业企业利润涨跌与价格水平涨跌基本同步。当企业盈利改善，企业对经济的预期乐观，于是会增加投资和库存，促进就业，使经济产出增加，经济景气度提升。经济的扩张会触发政策的逆周期调节，同时增加对资本的需求，从而推升市场利率水平，随之而来的是信用扩张周期进入尾声。信用扩张开始紧缩后，将逐渐传导至经济生产活动，经济开始收缩，企业的产品供过于求，物价下降，盈利恶化，走向衰退。一般而言，这个周期运转会经历繁荣、衰退、萧条、复苏四个阶段。

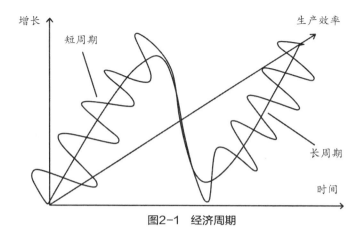

图2-1　经济周期

资料来源：Wind。

从期限来看，经济有长周期和短周期。按照经典的经济增长理论，长期经济增长有三个主要动力：劳动力、资本、技术。劳动力和资本的增长最终会达到临界水平，在此之后的增长则是由技术驱动。这些因素是经济增长的决定因素，在较短的时间内很难发生大的变化。

那么短周期的经济波动呢？1929年大萧条前后，英国经济学家凯恩斯从需求管理的角度将经济构成划分为四个部分：消费、投资、政府购买和净出口。其中投资需求和消费需求（居民消费和政府购买）对应经济内部需求，是为内需；净出口对应外部经济体产生的需求，是为外需。因此，短周期的经济波动多与消费、投资、政府购买和净出口的变动相关。

（二）周期变动对资产配置的影响

理论上来说，要盈利就要"低买高卖"，寻找被错杀的公司投资，然后耐心等待经济复苏。但是很多金融资产可以实时交易，价格会实时波动，心理因素对投资决策有极大的影响。很多投资者往往不是"低买高卖"，反而经常陷入"高买低卖"的怪圈。经济繁荣时，投资者对未来充满信心，争相买入资产；经济萧条时，投资者看到的是满目疮痍，即使有乐观的因素，也会被认为是昙花一现，对资产敬而远之。只有真正经过理性思考的投资者，才能在繁荣时拿出卖出的勇气，在危机时抓住投资的机会。

另外，在经济周期中，各类资产的价格变动与名义利率的调整存在时间差。短期货币供应增加会使资产价格上涨，但是名义利率下降；中期通过信用扩张—价格上涨—企业盈利改善—投资和库存增加—经济产出增加—利率上涨的传导链条，名义利率的上涨幅度才与价格上涨的幅度相当，所以利率的调整滞后于价格的调整。对于权益类资产和商品持有者而言，利率是持有资产的时间成本，而资产的价格变动是持有的时间价值。对于资金和债权类资产的持有者而言，价格变动是持有资金的时间成本，利率是持有资金的时间价值。在信用扩张初期，货币供给增加降低名义利率，使得持有资产的时间成本降低，此时持有权益类资产不仅时间成本更低，而且能够享受接下来信用继续扩张的红利。反之，到了信用紧缩时期，持有现金或者债权更合适。

二、周期下的经济政策

（一）货币政策

货币政策也就是金融政策，是指中央银行为实现其特定的经济目标而采用的各种控制和调节货币供应量和信用量的方针、政策和措施的总称。负责制定货币政策的机关是中央银行，比如中国人民银行、美国联邦储备系统。一般而言，货币政策工具主要包括调节法定存款准备金率、调节再贴现率、公开市场操作以及其他窗口指导。2008年次贷危机后，货币政策工具更加丰富，中国人民银行推出了中期借贷便利。

法定存款准备金率是一国中央银行规定的商业银行和存款金融机构必须缴存中央银行的法定准备金占其存款总额的比率。如果存款准备金率为10%，就意味着金融机构每吸收1000万元存款，要向央行缴存100万元的存款准备金以备客户提款的需要，用于发放贷款的资金为900万元。在其他条件不变的情况下，上调法定存款准备金率意味着商业银行上缴的存款准备金越多，可以用来发放贷款的资金越少，导致社会信贷总量减少。调解法定存款准备金率影响面广，对社会信用总量的影响显著，所以各国央行对法定存款准备金率的调整比较谨慎。

再贴现率是商业银行或专业银行用已同客户办理过贴现的未到期合格商业票据向中央银行再行贴现时所支付的利率。如果中央银行提高再贴现率，商业银行的融资成本就会上升，能够用于发放贷款的资金会减少，从而紧缩社会信用。再贴现率引起的波动程度又远比法定准备金率小，因而各国中央银行一般都经常调整再贴现率来控制货币供应量。但是，调整再贴现率只有在商业银行资金紧缺，需要利用商业票据向央行贴现时才能生效，主动性弱于法定存款准备金率。

公开市场操作是指中央银行通过买进或者卖出有价证券来调节货币供应量的活动。当中央银行认为需要收紧货币供应时，就卖出有价证券，回收一部分货币；当中央银行认为需要扩大货币供应时，便买入证券，扩大货币供应。公开市场操作与其他货币政策工具相比，更加主动、灵活、及时，表现在：中央银行可充分控制其规模，有相当大的主动权；多买少卖、多卖少买都可以，对货币供应既可以进行"微调"，也可以进行较大幅度的调整，具有较大的弹性；时效性强，当中央银行发出购买或出售的意向时，交易可以立即执行，参加交易的金融机构的超额储备金相应发生变化；可以经常、连续地操作，必要时还可以逆向操作，由买入有价证券转为卖出有价证券，使该项政策工具不会对整个金融市场产生大的波动。

货币政策也就是金融政策，是指中央银行为实现其特定的经济目标而采用的各种控制和调节货币供应量和信用量的方针、政策和措施的总称。货币政策的实质是国家对货币的供应根据不同时期的经济发展情况而采取"紧""松""适度"等不同的政策趋向。货币政策对居民个人财富有非常大的影响，简单来讲，当货币政策宽松时，市场总的流通货币量大幅增加。这时，居民个人财富如果没有有效地增值，其相对购买力就会大幅下降，这是财富缩水的一种表现。由于资本具有逐利性，当市场流通货币量大幅增加时，某些资产就将在资本的推动之下急速增值。倘若部分投资者极具投资眼光，能提前布局增值资产，个人财富就会得到快速的积累。其实每一次货币大宽松时代的到来，都是一次财富的重新分配。

📖 相关链接

美国经济大萧条时期的经济政策

1929—1933 年美国经济大萧条时期，在货币政策方面，美联储没有按照市场所期盼的那样，及时放松货币政策刺激经济复苏。美联储不但没有降低利率，反而为了防止资本外逃和维护金本位制度，从 1931 年开始把利率从 1.5% 提高到了 3.5%。同时，在银行已经发生挤兑风潮时，美联储也没有及时发挥最后贷款人的角色，而是听任银行倒闭。美联储的不作为导致 1931 年美国银行和美国联合银行这些大型银行倒闭，引发了更大范围的金融市场恐慌。最终，银行倒闭潮席卷全美。据统计，20世纪30年代，美国有近万家银行相继倒闭。直到1934年存款保险制度建立，银行持续倒闭现象才得以终止。

（二）财政政策

财政政策是国家制定的指导财政分配活动和处理各种财政分配关系的基本准则，主要实施工具是政府收入和政府支出。税收是政府收入的最重要组成部分，在经济萧条时，政府可以通过减税让利来支持企业发展。如果税收的减少幅度大于个人收入和企业利润的下降幅度，税收便会产生一种推力，防止个人消费和企业投资的过度下降，从而起到反经济衰退的作用。在经济过热时期，其作用机理正好相反。

政府支出具有自动稳定作用。政府支出包括政府购买和政府转移支付。政府购买是指政府在市场上购买商品和劳务。经济出现衰退时，政府可以增加政府购买，弥补居民或者企业需求下滑的部分，稳定社会总需求。转移支付是政府在社会福利保险、贫困救济和补助等方面的支出，它不能算作国民收入的增加，只是政府将收入在不同社会成员之间进行的再分配。政府转移支付也可以起到稳定社会总需求的作用。在经济萧条的时候，符合领取失业救济和各种福利标准的人数增加，失业救济和各种福利的发放趋于自动增加，从而有利于抑制消费支出的持续下降，防止经济的进一步衰退。在经济繁荣时期，其作用机理正好相反。

货币政策和财政政策对经济、资本市场有非常重要的影响，是居民投资理财不能忽视的部分。2008年次贷危机爆发后，我国央行五次下调存贷款基准利率，中央政府出台了四万亿投资计划，是典型的实施宽松型货币政策和扩张性财政政策以刺激经济增长的例子。政策组合拳出台后，2009年我国经济出现V形反转，主要股票指数涨幅逼近80%。如果投资组合安排得当，危之后就是机；如果时机把握不当，在市场一片大好的时候买入，机之后就是危。

三、投资者的能力

除去客观的经济环境、经济政策，投资者个人的投资思维、投资习惯对个人财富影响巨大。多数投资者很容易忽视对自我投资思维和投资习惯的思考。譬如，很多投资者盲目进入股市来体验价格波动带来的刺激感，或者道听途说来选择股票，只有极少数人去坚持阅读经典投资类著作、上市公司年报、财务报表，并在充分思考的基础上去选择股票。对于前者而言，投资是一场昂贵的消遣，只有后者中的一部分人才能真正实现财富增长。

投资思维对投资成败的影响可能是决定性的。如果我们把投资当作一场赌博，注定会陷入迷惘；如果我们真正把投资当作投资，那么以下的投资思维将极具参考意义。

查理·芒格在《关于现实思维的现实思考中》提出了五个有用的观念。第一个观念是先解决答案显而易见的大问题。在投资理财中，什么是显而易见的大问题？经济是向上的吗？我选择的投资品的本质是什么？如果认为经济未来不会向上，股市未来不会向上，那还是别投资吧。如果投资股票，而不能认清股市基本行情，势必成为"七亏两平一赚"中的"七亏"之一。

第二个观念是学会数学的语言。伽利略说，唯有数学才能揭示科学的真实面貌，因为数学似乎是上帝的语言。很多投资市场上的经验、传言、固定的思维，如果我们找到可靠的数据加以分析，就会发现它们极有可能是具有误导性的。

第三个观念是学会逆向思维。有人说，他要是知道他死亡的地点就好了，那他就永远不去那里。在复杂的投资世界里，有很多问题难以通过正面思考来解决，但是有很多错误是显而易见的，因为我们身边有无数人在亏钱，重蹈覆辙。聪明的投资者可以去观察这些亏钱的人是如何亏钱的，然后管住自己不要重复他们的错误。

第四个观念是培养跨学科思考的学术智慧。最好能从各个学科中汲取营养，并经常运用。如果你能熟练地掌握一些心理学、金融学、经济学、政治学、自然科学等诸多学科的一些基本概念，那么解决问题的方法将不受限制，对于投资问题也将有更加深刻的认识，不会在心里没底的时候去忐忑不安地追随别人的意见。

第五个观念是寻找能够产生联合效应的几种关键因素，并想办法促使这些因素产生协同效果，芒格将其称之为"合奏效应"。

📑 相关链接

股票投资，功夫在场外

丛某是 1989 年从某财经院校金融系毕业的大学生，1994 年，他第一次接触到了"股票"。那时候，身边几乎所有人都在谈论股票，"大盘""庄家"之类的词不绝于耳。在令人激动的炒股行情之下，丛某拿出5万元开了第一个证券账户。

在正式进入股市之前，丛某用了两个多月的时间天天阅读有关股市的书籍，以及能够买到的证券类报刊，一边看书，还一边写心得。到了1994年11月，他的笔记写满了厚厚一本硬皮本，一番学习之后，他终于决定进入股市。

一进股市，丛某发现书本上学的东西在股市中很难派上用场。十多年来，丛某尝试了很多炒股风格，比如在牛市中追踪领涨板块，投资ST股票，研究技术面，研究基本面，等等。到2000年，丛某的资金从最初的5万元增加到了294.8万元。

几年下来，丛某总结了一些自己的经验——诗人讲究"功夫在诗外"，对自己来说，"炒股的功夫在场外"。

十年之后，丛某研究一只股票，不仅会为其建立连续、详细的资料库，而且尽可能眼见为实，到公司去看看，参加股东大会。有时即便不能亲身调查公司现状，也会打电话询问公司情况，通常他最关心的是公司管理层情况、募股资金使用、项目进展等。丛某认为，投资股票要以企业本身的素质为最主要衡量标准，决不能听信小道消息，盲从股评专家的意见。

第二节 财富管理的发展趋势

一、投资者结构的变化

不仅个人需要投资，企业、政府、从事财富管理行业的机构也需要投资。在我国，投资者主要可以分为四大类：个人投资者、一般法人、境内专业机构投资者和境外专业机构投资者。

其中，一般法人指具有产业资本属性的法人单位，比如一般法人团体和非金融类上市公司；境内专业机构投资者指公募基金、私募基金、证券机构、保险机构、社保基金、信托机构、其他机构（基金专户、期货公司资管、财务公司、银行等）；境外专业机构投资者包括合格的境外机构投资者（QFII）、人民币合格境外机构投资者（RQFII）和陆股通等渠道进入大陆资本市场的境外投资者。除一般法人和境内外专业机构投资者之外的投资者均被纳入个人投资者范畴。

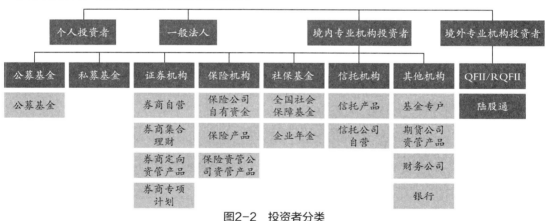

图2-2 投资者分类

资料来源：国金证券研究所。

投资者机构化是投资者结构变化的重要趋势。在货币市场，普通投资能够使用的货币市场投资工具主要是货币基金。货币基金起源于美国，最早产生于1971年，最初的目的是集中小储户的零散资金，形成规模效应，获取与大额资金相当的资金收益，以个人投资者为主。随着货币基金的发展越来越规范，货币基金的流动现金管理功能逐渐为机构投资者所接受，客户群由以个人投资者为主向以机构投资者为主转变。2006—2008年，我国机构投资者在货币基金中的资产比维持在40%～50%。2008年后，这一比例逐步上升，在2009年底达到70%，机构投资者逐渐占据主导地位。

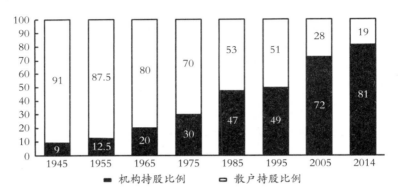

图2-3 美国股票市场投资者结构"去散户化"

资料来源：Federal Reserve Flow of Funds Accounts，华泰证券研究所。

　　除去货币基金，股票是最为大众关注的投资品。股票市场进入门槛低，许多人怀着一夜暴富的梦想在股市淘金。从美国股市的发展情况看，机构投资者成为市场主导是大势所趋。图2-3显示，1945年，美国股票市场上机构持股比例仅为9%，而到2014年则上升到了81%，"去散户化"特征明显。究其原因，散户缺乏投资技术和时间精力去研究投资，交易容易受到情绪的干扰，而机构投资者在资金、技术、时间上更具有优势。在大萧条之后，美国总统罗斯福加强了对金融业的监管，打击操纵市场、内幕交易行为，市场环境得到净化，为公募基金等机构投资发挥专业优势创造了条件，规范、科学的运作逐步建立了资本市场的声誉，获得了投资者的认可。1981年建立起来的401K退休金计划允许雇员自己选择股票、债券、公募基金、交易型开放式指数基金（ETF）等多种投资形式，由专业的金融机构代为管理，为股市导入长线资金，促进机构投资者发展。

　　反观中国的股票市场，机构投资者的主导地位并不明显。根据中国证券投资者基金业协会统计数据，截至2019年二季度，一般法人持有流通市值23.91万亿，个人投资者持有流通市值12.06万亿，境内专业机构持有流通市值6.56万亿，外资持有流通市值1.6万亿，个人投资者在市场中还保持相当的影响力，交易量占比80%左右。从变化趋势看，2004年至2019年二季度，个人投资者持有流通市值占比从80%左右下降到27.29%，总体呈下降趋势；受2005年股权分置改革的影响，一般法人持有流通市值占比至2009年大幅上升至50%左右；境内专业机构占比长期维持在15%左右；外资占比自2015年前后开始呈上升趋势。

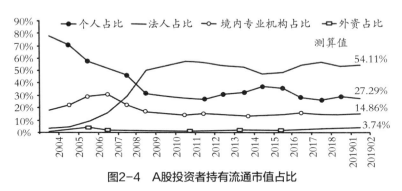

图2-4 A股投资者持有流通市值占比

数据来源：中国证券投资基金业协会、Wind、国金证券研究所。

中国股票市场以个人投资者为主导的结构存在一定的弊端。个人投资者对股票、组合投资技术缺乏深入认识，喜欢打探内幕消息，炒作概念题材，存在较多"追涨杀跌"、跟风炒作行为。由于机构也需要接受个人投资者主导的市场价格，部分大户、机构也会陷入短期零和博弈，这在一定程度上加剧了A股暴涨暴跌。2009—2018年，上交所平均换手率为194.1%，深交所为335.9%，而同期纽交所平均换手率为108.6%，伦交所平均换手率为63%，这说明我国A股市场短期投机氛围浓厚，不利于资本市场长期稳健发展。所以即使当前个人投资者仍在A股占据重要地位，但股权改革、注册制、资本市场对外开放等措施的推进将对A股投资者结构产生深远影响。

📖 相关链接

注册制，一场触及灵魂深处的改革

长期以来，中国发行股票实施的是核准制，监管部门对拟上市企业进行资格审核，并对投资价值进行一定的判断，审核其是否符合发行条件。

2019年1月30日，中国证监会发布《关于在上海证券交易所设立科创板并试点注册制的实施意见》。2月下旬，中国证监会副主席方星海出席国务院新闻办公室举行的新闻发布会时，表示设立科创板并试点注册制与现有主板施行的核准制有五

方面区别：一是企业连续盈利等硬性条件放松，允许没有盈利的企业上市；二是实行以信息披露为中心的发行审核制度；三是实行市场化的发行承销机制，新股的发行价格、规模，发行的股票市值多少，发行节奏都要通过市场化方式决定，这和现在的做法有重大的区别；四是大幅提高违法违规成本，对信息披露造假、欺诈发行等行为要出重拳；五是建立良好的法治、市场和诚信环境，特别是完善法治建设。

6月13日，科创板正式开板，中国股票市场注册制正式登上历史舞台。从美国80多年的注册制历史经验看，严格的信息披露制度、退市制度和追责惩处制度是注册制的三大支柱。据恒大研究院估计，2018年美国总投入的监管力量达到8800人，预算达28亿美元。在美国，财务造假者可处以500万美元罚款和25年监禁，不亚于持枪抢劫等恶性犯罪。美国资本市场的退市率远远高于中国，沃顿数据平台（WRDS）的数据显示，1980—2018年，美股共有17901家企业退市，年均退市率为19%，而中国退市率仅为0.19%。

当新修订的证券法于2020年3月1日实施，当注册制全面取代核准制，中国股票市场的投资风格又会走向何方？

二、投资方式的变化

新中国成立以来，由于缺乏成熟的资本市场和货币市场，我国居民的投资方式较为单一，基本上以银行储蓄为主。进入20世纪，借助中国人口红利和加速的城市化进程，房地产作为经济支柱站上历史大舞台。至今，房地产依旧在中国家庭资产中占举足轻重的地位。2016年年底的中央经济工作会议首次提出，"房子是用来住的，不是用来炒的"，此后，与房地产相关的部门陆续出台了与之相配套的政策，涉及房企融资、购房者信贷等方面。随着地产调控不断加码和中国人口红利的逐渐消失，中国居民逐渐意识到房地产投资的黄金十年可能已经悄然离去。由于投资方式的改变需要时间积累与演进，时至今日，中国居民个人可投资资产构成中，银行储蓄和银行理财依旧占据中国居民个人可投资资产的65%～80%，如图2-5所示。

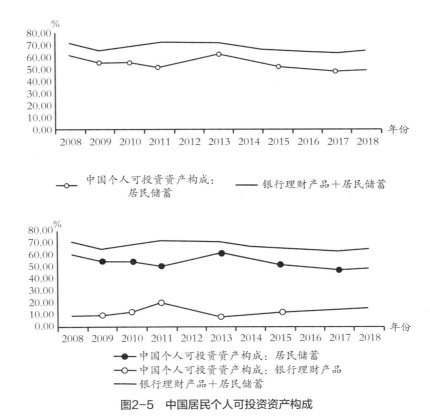

图2-5　中国居民个人可投资资产构成

在美国等发达国家，居民资产结构与中国有较大的区别。《2018年美国基金业年鉴》的数据显示，在美国家庭资产中，13%为银行存款，23%为基金资产，剔除房地产外其他部分主要由股票和保险构成。从1980年美国政府推出401K养老金计划之后，基金在美国家庭资产占比逐年提高，截至2017年，基金占比为24%。

中国的资本市场虽然比美国资本市场起步较晚，但基金行业在过去20年里也得到了快速的发展，只不过基金产品的组成结构仍与美国有较大的区别。截至2018年，美国基金行业中股票型基金占比为55%，货币基金占比为22%，混合型基金占比为8%，货币市场基金占比15%，如图2-6所示。

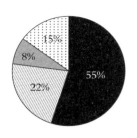

■股票基金　田债券基金　目混合基金　田货币基金

图2-6　美国基金市场结构

中国基金市场结构截然不同。截至2019年10月，中国公募基金资产净值达到13.9万亿元的规模，其中货币基金和债券型基金分别有7.1万亿和2.35万亿的规模。从基金市场结构来看，我国仍以低风险低利率的货币基金和债券基金为主。

2008年全球金融危机爆发后，为刺激经济，世界各国央行从2009年开始持续降息，降低存款准备金率，欧洲中央银行、瑞士国家银行、丹麦央行与瑞典央行甚至设定过负利率。中国也不例外，从20世纪90年代动辄10%的一年期定期基准利率下降到近些年的1.5%，降息也直接导致货币型基金等短期理财产品收益逐年下滑，中国居民意识到仅投资低风险理财产品越来越难以抵御通货膨胀带来的资产贬值。参考发达国家居民资产结构，我国居民投资方式以储蓄型为主的投资方式将逐步改变，从简单储蓄、房地产投资向构建投资组合进行资产配置转型是必然的趋势。

📖 相关链接

投资组合理论：金融学的大爆炸理论

真正现代意义上的金融学要回溯到1952年。这一年，芝加哥大学的一名博士生马科维茨提出了投资组合理论（Portfolio Theory），被称为现代金融学的大爆炸（Big Bang of Modern Finance）。1952年的华尔街已经是名副其实的世界金融中心，财富的跌宕起伏是华尔街最司空见惯的故事。然而，熙熙攘攘忙着交易的人们并不是很清楚，金融市场上的风险究竟是什么？怎么衡量？和人们孜孜追求的收益又有什么样的关系？

马科维茨在他的博士论文里提出了一个简单的框架来回答以上问题。直白地说，风险就是不确定性，证券投资的风险也就是证券投资收益的不确定性。因此，我们可以将收益率视为一个数学的随机变量。证券的期望收益是该随机变量的数学期望（均值），风险则可以用该随机变量的方差来表示。假设我们面临着 N 种证券可供选择，给你一定的初始财富，你该怎么做？普通人对投资的要求非常简单，即收益要高，风险要低。这个问题其实就是个选择题——为了使自己的风险最低、收益最高，投资者应如何选择在各种证券方面的投资？

马科维茨的天才解答是：将各种证券的投资比例设定为变量，将这个问题转化为设计一个数学模型，使得证券组合在同等风险条件下收益最大。对每一固定收益率求最小方差，或者对每一个固定的方差求最大收益率——这个多元方程的解可以决定一条曲线，这条曲线上的每个点都对应着最优投资组合（给定风险水平下，收益率最大的组合），金融学中称这条曲线为"有效前沿"，所有投资者都可以根据自己的风险偏好，在这个"有效前沿"上寻找最优策略。这是人类历史上第一次用数学概念清晰地定义和解释了"风险"和"收益"这两个金融学里最基本的核心概念，以后几乎所有的金融研究都再也没有离开过"风险—收益"的框架。

马科维茨的理论由于其简单的设计，很快得到华尔街投资者和基金经理的青睐，并被大规模产业化地运用于资产管理中，这是现代证券投资成为一个独立的产业的开始，也被称作"第一次华尔街革命"。

🔩 知识拓展

中国人民银行（央行）经常使用的常规货币政策工具有哪些？

中国人民银行所采用的、对整个金融系统的货币信用扩张与紧缩产生全面性或一般性影响的手段，是最主要的货币政策工具。其中以下三种工具被称为央行的"三大法宝"。

（1）存款准备金制度：金融机构为保证客户提取存款和资金清算需要而在央行准备的存款，央行要求的存款准备金占其存款总额的比例就是存款准备金率。当需要释放流动性资金时，央行可以适当降低存款准备金率，即我们常常所讲的"降准"；反之亦然。

（2）再贴现政策：央行通过制定或调整再贴现利率来影响商业银行借入资金的成

本，以达到调整货币市场需求的目的。当需要抑制资金需求时，央行较长期地采取再贴现率高于市场利率的政策，提高再贴现成本，从而减少市场的货币供应量。

（3）公开市场业务：为了调节货币供应量，央行通过买进或卖出有价证券，吞吐基础货币，调节货币供应量的活动。根据经济形势的发展，当央行认为需要收缩银根时，便卖出证券，相应地收回一部分基础货币，减少金融机构可用资金的数量。

复习思考

（1）1929—1933年美国经济大萧条时期，在货币政策方面，美联储没有按照市场所期盼的那样，及时放松货币政策，刺激经济复苏。根据当时美国的经济情况，你觉得采用怎样的货币政策和财政政策才有利于美国恢复经济？

（2）为什么2005年以后，一般法人成为中国股票市场上流通市值占比最大的投资者？一般法人包括哪些主体？相关法律法规对一般法人持股有何规定？

实践拓展

格罗兹生活在1884年的亚特兰大。他愿意拿出200万美元来投资，成立一家生产非酒精饮料的企业"可口可乐"。格罗兹希望2034年可口可乐的市场价值能达到2万亿美元，为此他只保留50%股份，将剩下的50%股份送给能够帮助自己实现这个计划的人。如果你是格罗兹，你将如何实现这个计划？

理解投资品

通过本单元的学习，我们可以了解各类金融投资品的功能、特点、投资方法和注意事项。

导语 有这样一段话曾广为流传：你永远赚不到超出你认知范围外的钱，除非你靠运气，但是靠运气赚到的钱最后往往又会靠实力亏掉。你所赚的每一分钱，都是你对这个世界认知的变现；你所亏的每一分钱，都是因为对这个世界的认知有缺陷。这个世界最大的公平在于，当一个人的财富大于自己的认知的时候，这个社会有100种方法收割你，直到你的认知与财富相匹配为止。所以当我们开始投资理财时，首先要了解各类金融投资品。

第一节 银行贷款产品

一、银行贷款产品要素

（一）借贷主体

借款主体可以是自然人、一个家庭、一个企业等。不同借贷关系中，法律对贷款合同中借款人的主体资格要求不同。比如，对于自然人借款，银行要求自然人至少满足以下条件：

（1）具有完全民事行为能力的自然人，年龄为18（含）～ 65周岁（含）；

（2）具有合法有效的身份证明（居民身份证、户口本或其他有效证件）及婚姻状况证明等；

（3）遵纪守法，没有违法行为记录，具有良好的信用状况；

（4）具有稳定的收入来源和按时足额归还贷款本息的能力；

（5）具有还款意愿；

（6）具有真实合法的使用用途。

对于贷款主体中的贷款方，依据我国有关金融机构的法律规定，从事商业贷款业务的，只能是依法设立并得到中国人民银行批准的各种商业银行、城乡信用合作社等金融机构。除此以外的法人、自然人和其他组织都不能从事商业信贷业务，也就不能成为借款合同中的贷款人。

需要特别注意的是，就借款人的主体资格而言，依据《中华人民共和国商业银行法》第40条的规定，下列人员和机构不能成为商业银行发放信用贷款的对象：商业银行的董事、监事、管理人员，信贷业务人员及其近亲属；上面所列人员投资或者担任高级管理职务的公司、企业和其他经济组织。因而，这些人员和组织就不能向相应的商业银行借款。

（二）贷款授信额度及期限

贷款授信额度是借款方向银行申请贷款所获批的最大可借贷金额。借款方可以在合同约定期限内随时取用这笔资金。这里要注意区分授信额度和贷款额度。举个简单的例子，张先生筹备一家企业需要100万元资金，他利用名下房产向银行申请抵押贷款。经过银行信贷审核员一系列审核后，给予张先生200万元的授信额度，但是张先生只需要使用授信额度的一半即100万元。我们将这200万元称为授信额度，将实际利用的100万元称为贷款额度。

贷款期限是指从贷款发放日到贷款截止日的时间。贷款期限根据借款人的生产经营周期、还款能力和资金供给能力，由借贷双方共同商议后确定，并在借款合同中注明。《贷款通则》第八条按照贷款期限，将贷款分为三类：短期贷款、中长期贷款和长期贷款。短期贷款，指贷款期限在1年以内（含1年）的贷款。中期贷款，指贷款期限在1年以上（不含1年）5年以下（含5年）的贷款。长期贷款，指贷款期限在5年以上（不含5年）的贷款。如若借款方在贷款截止日前确定难以还款怎么办？借款方可以在贷款到期日之前，向银行申请贷款展期。是否同意展期由银行决定。国家规定，短期贷款展期期限累计不得超过原贷款期限，中期贷款展期期限累计不得超过原贷款期限的一半，长期贷款展期期限累计不得超过3年。如若借款人未申请展期或申请展期未得到批准，其贷款从到期次日起，转入逾期贷款账户。

（三）还款方式

常见的还款方式有以下三种：先息后本、等额本息、等额本金。先息后本是一种先还利息，直到最后还款日一次性归还本金的还款方式。举个例子，小王在银行申请了10万的信用贷款，还款方式选择先息后本，借款年利率为6%，借款期限为1年。那小王每月应还银行利息为：

$$（100000 \times 6\%）\div 12 = 500（元）$$

1年后，小王再将10万本金归还给银行即可。

等额本息是指在还款期内每月偿还等额贷款金额的还款方式。每月还款金额的计算公式如下：

每月还款金额＝贷款本金×[月利率×（1＋月利率）^{还款月数}]÷｛[（1＋月利率）^{还款月数}]－1｝

举个例子，王女士借款10万元，贷款期限为3年，年利率6%，月利率5‰，按照等额本息还款法，王女士每个月应还款金额为：

$$100000 \times [5‰ \times （1＋5‰）^{36}] \div \{[（1＋5‰）^{36}] － 1\} = 3042.19元$$

等额本金是在还款期限内将贷款总额均等划分，保证每月所还总金额中本金不变，而每月所还利息随着本金的减少不断减少的还款方式。等额本金每月还款总额是浮动的，且呈逐级递减的趋势。每月还款金额的计算公式如下：

每月还本付息金额＝（本金/还款月数）＋（本金－累计已还本金）×月利率

上例中，若其他条件都不变，王女士选择采用等额本金还款方式，通过公式可计算出王女士首月应还3277.78元，往后每月还款金额递减约14元，直到还款期最后一个月还款金额为2791.67元。相较于等额本息，等额本金还款方式前期的还款压力较大，但是还款总利息较少。

（四）贷款用途和担保措施

贷款用途在贷款合同中是一项必不可少的条款。如某银行的个人信用贷款关于用途表述如下：

根据监管规定，消费贷款只能用于消费或者经营用途，不可购买理财、股票、房产等风险投资，请您合理规划贷款用途。

《中华人民共和国合同法》规定借款人应按照合同约定的用途使用借款。银行信贷审核员基于借款人某一项特定的贷款用途审批、发放贷款，如果借款人擅自改变贷款用途，就增加了银行的贷款风险，最终很有可能产生坏账，即贷款难以收回。除此之外，部分贷款业务是依据某一段特定时期的国家宏观经济政策或相关产业政策发放的。如果不遵守约定的贷款用途，就会造成相关政策失效，同时增加坏账率。若借款人不根据合同约定贷款用途使用贷款，按照合同法相关规定，贷款人有权停止发放贷款、提前收回贷款或者解除合同。

出于风险控制考虑，银行发放贷款时，一般都会要求借款人提供担保，以保证贷款债权的实现。银行常用的担保方式有抵押、质押和第三方保证三种。

抵押是指抵押人和债权人以书面形式订立约定，不转移抵押财产的占有，将该财产作为债权的担保。比较常见的是住房抵押贷款，银行并不会剥夺贷款人的住房使用权。如借款方经过沟通后仍不还款，银行等贷款机构可走法律程序对借款方进行起诉，由法院判决将抵押的住房进行拍卖，拍卖所得金额用于还款。

质押是债务人或第三人向债权人移转某项财产的占有权，并由后者掌握该项财产，以作为前者履行某种支付金钱或履约责任的担保。银行可接受的质押物包括特定的有价证券和存单。有价证券包括国库券、金融债券和银行认可的企业债券，存单只接收人民币定期储蓄存单。

以第三方保证做贷款担保，第三方保证人必须经过贷款银行认可。且按照贷款银行的规定，第三方保证对此笔贷款业务负有不可撤销的连带责任。

（五）贷款利率

贷款利率是借款人使用贷款时支付的价格。通俗来讲，就是指资金使用的成本。贷款利率是借款人最为关注的要素之一。贷款利率计算公式为：利率＝利息额/贷款本金。利率按照不同的标准可以划分为不同的种类，在银行贷款业务中常用的是基准利率和浮动利率。银行贷款基准利率由中国人民银行统一制定。截至2020年6月，中国人民银行规定，一年以内（含一年）短期贷款基准利率为4.35%，中长期贷款一至五年(含五年)利率为4.75%，五年以上利率为4.9%。很多种类的贷款利率以基准利率作为参照物进行上下调整，作为最终贷款利率。贷款利率一旦确定，在贷款期限内就不再改变。浮动利率是指借贷期内利率随市场利率的变化而定期调整的利率。这意味着整个贷款期内，借款人的借款利息在不同时间阶段可能不一样。2019年12月28日，中国人民银行发布公告，进一步推动存量浮动利率贷款的定价基准转换为LPR。2020年3月1日起，金融机构应与存量浮动利率贷款客户协商，将原合同约定的利率定价方式转换为以LPR为定价基准加点形成或者转化为固定利率。如若借款人选择利率定价方式转换为以LPR为定价基准，那意味着贷款利率每年会随着市场的LPR利率的改变发生改变。

二、银行贷款产品的分类

银行贷款，是指银行根据国家政策以一定的利率将资金贷放给资金需要者，并约定期限归还的一种经济行为。一般要求提供担保、房屋抵押、收入证明、良好的个人征信记录。按照授信用途，银行贷款可分为消费类贷款、经营类贷款、质押类贷款。

（一）消费类贷款

消费类贷款，是商业银行和金融机构以消费者信用为基础，对消费者个人发放的，用于个人消费用途的贷款，主要包括住房按揭贷款、汽车消费贷款、家庭合法消费贷

款、普通信用贷款等。

（二）经营类贷款

经营类贷款，是指银行向符合条件的借款人发放用于生产经营投资用途的贷款，主要包括经营性物业抵押贷款、运营车辆及机械设备贷款等。经营类贷款一般不能用于创办新企业或投资新项目。

（三）质押类贷款

质押类贷款，是指以借款人或第三人的动产或权利为质押物发放的贷款。可作为质押的质物包括：国库券（国家有特殊规定的除外），国家重点建设债券、金融债券、AAA级企业债券、储蓄存单等有价证券。作为质物的动产或权利必须符合《中华人民共和国担保法》的有关规定。

三、银行贷款产品的选择

（一）评估自身条件

贷款产品的选择一定要基于自身需求出发。选择贷款产品前，借款人应考虑以下几个问题：

（1）明确贷款用途，有针对性地选择适合自身需求的贷款产品。

（2）明确贷款金额和期限。贷款金额并不是越多越好，因为贷款资金是需要支付利息成本的，但授信额度必须满足自身最低需求。不同贷款方式授信额度的上限有所不同。贷款期限也是借款人需要考虑的，借款人需要利用贷款资金的时间必须小于贷款产品所规定的贷款期限。

（3）评估自身条件，如有合格的抵押物或者质押物，则会提高贷款成功率。

（二）选择贷款产品

所有借款人的共同目标是寻找一款在满足自身贷款各项需求的前提之下，能以最低的利息获取授信额度的贷款产品。基于这个目标，借款人需要在众多银行的各类贷款产品中挑选出性价比最高的产品。最为便捷以及高效的方式是首先查看各大银行的官方网站，最新贷款产品都会在官网里及时更新，具体贷款产品要素也可以通过拨打官方的客服电话了解清楚。

（三）选择还款方式

借款人确定好银行贷款产品后，最终需要选择一种还款方式。不同还款方式，对于贷款人而言有较大的差别，举个例子：

小王毕业工作三年后，凑齐自住房首付款。现他向某银行申请贷款100万，贷款期限30年，贷款利率为年化4.9%的基准利率。小王有两种还款方式选择，分别是等额本息和等额本金，问：选择等额本息，30年后小王需要还款的本息是多少？选择等额本金，30年后小王需要还款的本息是多少？通过前文所述的计算公式，可得出如下表结果。

表3-1 不同还款方式贷款信息表

还款方式	贷款总额	贷款期限	还款总额	利息总额	每月还款金额
等额本息	100万元	30年	191万元	91万元	5307元
等额本金	100万元	30年	173.7万元	73.7万元	首月：6861元（每月递减约11元）

如表3-1所示，若采用等额本息，30年间小王需要还给银行的本金加利息总额为191万元，其中利息总额为91万元。若采用等额本金，本金加利息总额为173.7万元，其中利息总额为73.7万元，相较等额本息少还利息17.35万元。

为什么会产生这样的结果？因为等额本金每个月所还本金一致，所以前期所还本金加上剩余资金所需要还的资金就较多，月供呈现逐渐递减的趋势，第一个月需要还6861元，而后以每月约11元递减，直到最后一个月只需还2789元。而等额本息每月所还的月供都是固定不变的5307元，因此最终所产生的利息更多。

很多借款人可能会直接根据最终所需还款总额来选择等额本金的方式还款。其实这种选择不一定就是最好的，因为他们忽略了货币的时间价值。由于等额本金的还款方式前期还款金额高于等额本息，如果我们把高出的这部分资金拿来理财，当理财收益率高于基金利率4.9%时，这时选择等额本息就更合理。另外，如果借款人前期资金压力较大，后期资金充裕，那么选择等额本息也更合理。因此，具体选择哪一种还款方式，还需要根据借款人自身的情况进行选择。

相关链接

等额本金的秘密

关于等额本息和等额本金，不少人可能会有这样一种疑问：我向某金融机构借贷一笔资金后，希望在还款期限内能全额利用好这笔资金，但是等额本息和等额本金要求每个月都归还本金。那是否这两种还款方式的名义利率和实际利率差别非常大？举个例子：

张先生在某银行申请了信用贷款，贷款年化利率 6%，月利率 0.5%，贷款金额 12 万元，贷款期限 1 年，还款方式为等额本金。

每月所需还款本金：总金额/月份＝120000/12＝10000 元

每月所需还款利息：

第一月：120000×0.5%＝600 元

第二月：110000×0.5%＝550 元

第三月：100000×0.5%＝500 元

·················

第十二月：10000×0.5%＝50 元

利息总额＝600＋550＋500＋……＋50＝3900 元

根据计算结果可知，若使用等额本金，每月产生的利息都是基于剩余本金所计算出来的利息，因此不存在虚增利息。

不过某些非正规的小额贷款公司贷款，会在还款方式上设置陷阱。举个例子：

张先生通过某小额贷款公司贷款 12 万元，贷款年化利率为 12%，贷款期限为 1 年，还款方式为等额本金。

陷阱 1：小额贷款公司计算总利息 120000×12%＝14400 元。

陷阱 2：小额贷款公司要求借款人先归还利息，所以实际借款人一开始拿到的资金总额为 120000－14400＝105600 元。

借款人每月需归还本金，但是利息是基于总借款金额计算，这种方式还款实际利率比名义利率 12% 高出 2 倍。因此借款人在非正规渠道借款时，一定要注意贷款方的陷阱。

第二节 证券市场产品

证券是多种经济权益凭证的统称。证券市场是发行证券和交易证券的场所。为了满足社会发展对于资本的需求，需要一种手段进行便捷高效的融资，以便于合理配置社会资源。在这种背景之下，证券市场应运而生。因此，证券市场是社会发展至一定阶段的必然产物，它有助于解决社会资源供需矛盾以及流动性不畅等问题。证券市场主要包括股票市场、债券市场以及这两个市场派生出来的证券投资基金市场和衍生品市场。

一、债券类证券产品

债券是一种固定收益类证券，是政府、公司、金融机构等直接向社会筹措资金时，向投资者发行并承诺按照约定期限和一定利息偿还本金的债权债务凭证。债券是债的证明书，具有法律效力。简单来讲，债券就是债务人给予债权人的一张欠条。

（一）债券基本要素

债券面值：指债券的票面价值，是发行人对债券持有人在债券到期后应偿还的本金数额，也是企业向债券持有人按期支付利息的计算依据。债券的面值与债券实际的发行价格并不一定是一致的，发行价格大于面值称为溢价发行，小于面值称为折价发行，等价发行称为平价发行。

偿还期：指企业债券上载明的偿还债券本金的期限，即债券发行日至到期日之间的时间间隔。公司要结合自身资金周转状况及外部资本市场的各种影响因素来确定公司债券的偿还期。

付息期：指企业发行债券后的利息支付的时间。它可以是到期一次性支付，或1年、半年或者3个月支付一次。在考虑货币时间价值和通货膨胀因素的情况下，付息期对债券投资者的实际收益有很大影响。到期一次性付息的债券，其利息通常是按单利计算的；而年内分期付息的债券，其利息是按复利计算的。

票面利率：指债券利息与债券面值的比率，是发行人承诺以后一定时期支付给债券持有人报酬的计算标准。债券票面利率的确定主要受到银行利率、发行者的资信状况、偿还期限和利息计算方法以及当时资金市场上资金供求情况等因素的影响。

发行人名称：指明债券的债务主体，为债权人到期追回本金和利息提供依据。

（二）债券分类

债券的种类繁多，依据主体不同，可以分为政府债券、金融债券、公司债券三大类。政府债券的发行主体是政府，公司债券的发行主体是股份公司或其他工商企业，金额债券发行主体是银行或者非银行金融机构。

政府债券：是政府为筹集资金，向投资者出具并承诺在一定时期支付利息和到期偿还本金的债务凭证。我国政府债券包括中央政府债券（即国债）、政府机构债券和地方政府债券三类。政府债券发行主体为各级政府，以政府信用作为担保，通常无须抵押，风险小。

金融债券：是由银行和非银行金融机构经特别批准而发行的债务凭证。债券发行人主体包括政策性银行、商业银行、企业集团财务公司等金融机构。债券品种主要包括国开行金融债券、政策金融债券、商业银行普通债券、证券公司债券等。

公司债券：是公司为筹集经营资金而发行的债券，也称为公司信用债券。公司债的发行主体是股份公司，但有的国家允许非股份制企业发行债券。公司债券主要包括企业债券、公司债券、可转换债券、非金融企业债务融资工具等。

（三）债券选择

选择债券类投资品，主要考虑风险性、收益性和流动性。由于债券本质是一种金融契约，因此对于投资者而言，债务人主体的信用等级越高，投资风险就越低。根据发行人的偿债能力、发行人的资信情况，债券的信用级别分为AAA、AA、A、BBB、BB、B、CCC、CC、C、D等10个等级，其中AAA级为最高信用等级，D级信用等级最低。从风险性来看，政府债券风险小于金融债券，金融债券风险小于公司债券。当然，投资风险和收益永远都是成正比的。从投资收益来看，收益性从大到小依次为公司债券、金融债券、政府债券。

债券投资流动性与投资者参与债券市场投资方式有较大关联。投资者参与债券投资有三种方式：一是在银行柜台购买凭证式国债，二是在交易所购买债券，三是通过债券基金间接参与。在银行柜台购买凭证式国债，一般投资期限比较长，到期才能还本付息，流动性相对较差。普通投资者可以在交易所开通证券账户购买债券，但这种方式对投资者的专业能力要求很高，特别是当投资企业债券时，不仅要分析整体债券市场的行情，还要看信用评级、行业发展前景、企业的经营情况等。通过购买债券基金间接参与债券投资，有以下优点：一方面，基金公司有专业团队对市场各债券品种进行调研，券种投资范围相对较广，可以达到分散风险的目的；另一方面，债券基金可以随时申赎，具有良好的流动性。

二、股票类证券产品

股票是指股份公司发行的、表示股东按其持有的股份享受权益和承担义务的可转让凭证。股票持有者有权利参与股份公司股东大会，对股份公司的经营发表意见。股票代表股东对公司的所有权，所有权份额的大小，取决于股票持有者持有股票数量占公司总股本的比例。持有某公司股票，即代表投资者成为某公司的股东，收益共享，风险共担。股东不能要求公司返还其出资。股票是资本市场长期信用工具，可以在特定交易市场转让和买卖。

（一）股票收益来源

股票收益来源于两部分。一部分是认购某股份公司发行的股票后，持有者即对发行公司享有经济权益，实现形式是公司派发的股息、红利，数量多少取决于股份公司的经营情况和盈利水平以及分红方案。另一部分是因为股票具有流动性特征，股票持有者可以依法在证券交易所进行交易，当股票的市场价格高于投资者的买入成本价时，卖出股票，投资者即可赚取中间差价，一般将这种差价称为"资本利得"。

（二）股票分类

股票种类繁多，有多种分类方法。根据股东所享权利不同，可以将股票分为普通股和优先股。

普通股是最基本最常见的一种股票，其持有者享有股东的基本权利和义务。普通股股东可以参与公司经营管理，拥有选举、表决的权利，有权凭其所持有的股份参加公司的盈利分配。如果股份公司增发普通股票，原有普通股股东有优先认购新发行股票的权利。

优先股是一种特殊股票，在其股东权利和义务中附加了某些特别的条件，其持有者的股东权利也受到一定限制，如无经营权和选举权，一般也不能上市交易。优先股的股息率是固定的，其收益与公司经营状况无关，但在公司盈利和剩余财产的分配顺序上比普通股股东享有优先权。

根据我国股票发行主体和交易场所以及参与者不同，股票可以分为A股、B股、H股。A股是以人民币报价结算，由我国境内公司发行，主要供境内机构、组织、个人以人民币认购和交易的普通股票。B股是用人民币标明面值，由境内公司在境外发行，在中国境内（上海、深圳）证券交易所上市交易的由境内外居民和机构用外币买卖的股票。H股是指我国内地注册的企业在香港发行上市的股票。

（三）股票分析方法

目前股票投资中最为主流的分析方法有基本面分析法、技术面分析法和量化分析法三种。

基本面分析法是从影响证券价格变动的基本要素出发，分析研究证券合理价格并且为正确决策提供科学依据的一种方法。基本面分析法有两个假设：一是股票的价值决定其价格，二是股票的价格围绕价值波动。一般采用从上而下的分析方法，主要有三个层次：一是宏观经济影响因素，二是行业或者某区域类影响因素，三是公司本身影响因素。

宏观经济政策主要关注货币政策和财政政策，除此之外，信贷政策、债务政策对实体企业也有非常大的影响。当然投资者对与所购买标的物相关的产业政策也可以重点关注。行业和区域分析是介于宏观经济分析与公司分析之间的中观层次的分析，主要分析行业所属的不同市场类型、所处的不同生命周期以及行业业绩对证券价格的影响。

股票最根本的价值来源于公司未来现金流的贴现。只有具备长期竞争优势的公司才能够生存，未来现金流才会源源不断并且逐步扩大，公司价值才会不断提升。因此进行公司分析时，要全面分析公司的财务情况，从公司在整个产业链中的竞争力、盈利能力、商业模式、景气程度以及潜在风险等角度进行全方位的研究。公司分析是基本分析法的核心。

技术分析以三个假设为前提：市场行为包容消化一切信息，价格将沿趋势波动，历史会重演。技术分析最关注的是证券成交价与价格波动之间的关系。技术分析利用过去和现在的成交价、成交量资料,图形和指标分析工具来分析预测未来的市场走势。在某一时点上的价格量,反映的是买卖双方在这一时点上共同的市场行为。

一般来说,买卖双方对价格的认同程度通过对成交量的大小得到确认。当股价上涨、成交量降低时,就代表上涨的逻辑不再被买方认可,此时上涨趋势就有可能发生改变。同样,如果交易量缩小且股价下跌,交易量缩减到不能再缩时,这可能就是市场已经到底的重要信号了。技术分析流派发展过程中,产生了很多技术分析指标。常用的技术分析指标为趋势型指标(如移动平均线MA)、超买超卖指标(如相对强弱指标KDJ)、人气型指标(如心理线指标PSY)、大势型指标(如涨跌比例指标ADR)。技术分析指标各有各的用法,一般都是配合起来使用。

量化分析法是利用统计、数值模拟结合现代计算机技术进行证券市场相关研究的一种方法。它是继传统的基本分析和技术分析之后发展起来的一种结合现代科学技术的智能化证券投资方法。

三、证券投资基金

证券投资基金是通过发行基金份额和基金股份的方式,汇集不特定多数且具有共同投资目标的投资者的资金,委托专门的基金管理机构进行投资管理,实现利益共享、风险共担的一种投资工具。

(一)投资基金分类

根据管理方式不同,可分为主动管理型基金和被动管理型基金。主动管理型基金通过基金经理人发挥主观能动性进行主动管理获取市场超额收益。被动管理型基金一般是通过拟合市场某指数获取市场上涨的平均收益。

根据投资品不同,可分为股票型基金、债券型基金和混合型基金。股票型基金投资股票类资产比例高于80%。债券型基金投资债券类资产比例高于80%。混合型基金投资比例介于两者之间。

根据运行方式不同,可分为封闭式基金和开放式基金。开放式基金是指基金份额总额不固定,基金份额可以在基金合约约定的时间和场所申购或者赎回基金。封闭式基金的基金份额总额固定不变,基金份额可在依法设立的证券交易场所交易,但基金份额持有人不得申请赎回基金。

根据交易场所不同，可分为场内基金和场外基金。

根据投资区域不同，可分为境内基金和境外基金。

根据投资大类资产不同，可分为普通投资基金和另类投资基金。

（二）基金收益来源

基金投资的收益主要有三方面来源。一是基金的利息收入，主要来自银行存款和基金所投资的债券。二是基金的股利收入，指开放式基金通过在一级市场或二级市场购入并持有各上市公司发行的股票，而从上市公司取得的一种收益。三是基金的资本利得收入，类似于股票的资本利得。任何证券的价格都会受证券供需关系的影响，如果能够在基金价格较低时购入，价格上涨时卖出，同样可获得基金的资本利得收入。

（三）投资基金选择

同一种类基金，交易市场产品繁多，如何选择一只优质的基金产品？

首先考察基金风险。通过考察基金历史业绩，分析基金历史最大回撤、净值波动率和基金投资品集中度等指标，可以判断基金风险。要特别注意基金是否有清算风险。中国证监会规定，开放式基金存续期内，若连续60日基金资产净值低于5000万元，或者连续60日基金份额持有人数量达不到200人，经中国证监会批准后有权宣布该基金终止。

其次考察基金收益。通过分析历史收益率，可以直观了解基金的绝对收益率。但是单纯通过绝对收益去判断基金优劣过于片面，还要考虑基金的相对收益。相对收益又称为超额收益，代表一定时间区间内基金收益超过业绩比较基准的部分。基金发行时点等因素会直接影响其绝对收益，因此考察基金发行区间相对收益能更客观地反映基金的品质。长期业绩稳定且相对收益较为优异的基金可以优先选择。

最后考察收益风险比。通过观察基金夏普比率可有效分析基金的收益风险比。基金的夏普比率是反映基金每承受一单位风险会产生多少超额收益的指标。夏普比率越高，说明基金的性价比越高。另外，还可通过基金排名和基金评级机构给予的评级来选择基金。中国四大官方媒体《中国证券报》《上海证券报》《证券时报》《证券日报》也开展基金评奖，奖项分别对应"金牛奖""金基金奖""明星基金奖""骏马奖"。

四、金融衍生品

金融衍生品是相对于金融原生品如货币、债券、股票等基础金融品而言的，其价格取决于基础金融产品价格的变动。按照交易的方法和特点，金融衍生品可分为金融远期合约、金融期货、金融期权、金融互换、结构化金融衍生品。金融衍生品有四个显著的特征。

1. 跨期性。金融衍生品是交易双方通过对利率、汇率、股价等因素变动趋势的预测，约定在未来某一时间按照一定条件进行交易和选择是否交易的合约。

2. 杠杆性。金融衍生品交易一般只需要支付少量的保证金或权利金，就可以撬动远大于权利金金额的交易资金。

3. 联动性。金融衍生品的价格与其所挂钩的基础金融产品价格密切相关，并且按照固定规则变动。

4. 不确定性和高风险性。基础产品的小幅变动就会引起金融衍生品的大幅波动，因此金融衍生品的交易决策必须基于对基础金融产品未来价格的精准判断。

第三节 保险产品

一、保险产品的要素

保险是集合具有同类危险的众多单位或者个人，以合理计算分担金的形式，实现对少数人因该危险事故所致经济损失的补偿行为。从这一定义出发，广义的保险包括政策性保险和商业保险。政策性保险带有社会福利性质和强制性，而商业保险不带有强制性，由投保人根据自身需要购买，是一种金融产品。

《中华人民共和国保险法》第二条规定，保险是指投保人根据合同约定，向保险人支付保险费，保险人对于合同约定的可能发生的事故因其发生所造成的财产损失承担赔偿保险金责任，或者当被保险人死亡、伤残、疾病或者达到合同约定的年龄、期限等条件时承担给付保险金责任的商业保险行为。在资产配置的过程中，我们主要考虑商业保险的内容和选择方法，因此本节的保险指商业保险。

在选择保险时，保单是我们必须要认识的合同。保单也叫保险单，上面明确完整地记载有关保险双方的权利义务，是一种正式的保险合同，是向保险人索赔的主要凭证，也是保险人收取保费的依据。大型工程项目的保单还可以用来做保单融资，作为金融衍生品进行资本运作或在国际资本市场进行交易，也可以用来做保单质押贷款。

（一）保险合同里的四种人

保险合同包含四个基本的名词：保险人、投保人、被保险人、受益人。保险人又叫承保人，是与投保人签订保险合同并承担赔偿或给付保险金责任的保险公司，一般而言是法人。投保人是支付保险费用、和保险公司签订保险合同的人。被保险人是受保险合同保障的人，投保人在和保险公司签订合同时，对赌的就是被保险人的风险。受益人则是在保险合同所约定的风险或者事件发生在被保险人身上的时候，保险公司支付保险合同约定保险金额的对象。保险受益人又分为身故受益人和生存受益人。生存受益人是被保险人本人，一般是为了预防故意骗保事件发生。身故受益人可以分为投保人和被保险人指定人，通常为直系亲属。

（二）保险合同的六个期限

签订任何一份合同时，都必须牢记合同中关于期限的要求，一旦超过某一期限，则意味着权利或义务发生改变。在保险合同中，尤其要关注交费期、犹豫期、保障期限、等待期、宽限期、中止期。

交费期是应付保险费的期限。长期险的交费方式通常有一次性、三年、五年、十年、十五年、二十年等多种选择。犹豫期也是冷静期，在此期限内投保人可以无条件全额退保，这也是为了避免因为一时冲动投保行为的发生。保障期限是发生保险事故时，保险人必须承担赔付责任的期间，如果保险期间是未来五年，而风险事件是在未来的第六年发生，则此时保险人无须承担赔付责任。保险期间又分短期和长期，短期指一年或者一年以下，长期包括一年以上的定期或者终身。一般而言，如若其他条件相同，保险期限越长，保费越高。等待期也叫观察期，在此期间内发生的保险事故保险公司不予理赔，主要是为了防止"带病投保"，在医疗险、重疾险中通常会设置一定事前的等待期，防止"逆向选择"。

宽限期和中止期是交纳保费中两个重要的时间点。在续保费时，为了预防投保人临时有事不能及时按期交纳保费，保险公司会给一个60天左右的宽限期，投保人在此期间上交保费即可。如果在60天宽限期过后投保人仍然没有交纳保费，则保单会进入中止期，保单暂时失效。此时保险事故发生，保险人不承担赔付责任。另外，失效的保单可以在两年内申请复效，复效后保单将重新计算等待期，并要求补上保费和利息；超过两年不复效的，合同将终止。

（三）保单里的数字

保单里最重要的四个数字分别是保费、保额、现金价值和免赔额。

保费是投保人未来取得保险按照保单约定向保险人支付的费用。保费多少会根据保额、保险费率、保险期限、被保险人的年龄职业等各种因素计算决定，比如，保险金额越高、保险期限越长，则投保人支付的保险费就越多。

保额是指保险公司为承担赔偿或者给付保险金责任的最高限额，通常是保险单上载明的保险金额。比如，某人购买重大疾病保险保额是50万元，如果患了符合合同中约定条款的疾病，那么他就能获得保险公司给付的保额50万元。

现金价值是指投保人退保后能拿到的钱。举例说明，如果投保人投了一份长期保险，选择10年交清保费，每年交的保费是一样的，但风险却是不均衡的，它在每年递增。年轻时候风险低，交的保费比实际需要的多，保险公司会把多交的保费放在投保人的个人账户上，利息会逐年积累，相当于投保人在保险公司的一种储蓄。退保时，保险公司再把这笔钱退还给投保人。要注意的是，退保拿到的钱会低于投保人交纳的保费数额，因为需要扣除一些管理费和保险公司已经承担保障责任所需的纯保费。所以，购买保险时一定要考虑清楚风险，如果退保，则损失会比较大。

免赔额，即免赔的额度。指由保险人和被保险人事先约定，损失额在规定数额之内，被保险人自行承担损失，保险人不负责赔偿的额度。

注意，并非所有的损失保险公司都会赔付。当发生风险导致的经济损失低于规定的费用时，保险公司不会赔付，超过免赔额的费用按比例报销。比如，合同里规定了200元的免赔额，治疗花费了150元，则一分钱也不报销；如果花费了1000元，报销比例为100%，可报销（1000 − 200）×100%＝800元。

（三）保险合同里的其他注意要素

1. 保险责任。

保险责任是指保险金给付的责任，即保险人依据合同约定，对承担的风险范围造成的损失补偿要负赔偿的责任。保险责任中有两点需关注：责任范围和理赔条款。比如一份重疾险的责任范围都包含哪些疾病，理赔条款是怎样规定的，得病后出现什么情况是可以赔付的。

2. 保险责任免除。

保险责任免除与保险责任相对，又称为"除外责任"，是指保险人依法或依据合同约定，对某些风险造成的损失补偿不承担赔偿保险金的责任，其目的在于适当限制保险人的责任范围。比如地震、泥石流等自然灾害带来的损失，有些保险公司会列为除外责任；自杀、酒驾等被保险人个人的行为，也会被列为除外责任，避免被保险人利用保险的保障功能做一些伤害自己和别人的负面行为。

3. 如实说明与健康告知。

投保人和被保险人在购买保险的时候，有责任和义务做到如实告知。投保时，一般需要填写一份问卷，对里面的问题要做到如实回答。比如以前是否有病史、是否动过手术等，保险公司也会进行核保，如果正常则正常承保，有问题则要求投保人体检，或拒保、加费，或列为除外责任。如果投保人或被保险人故意隐瞒没有如实告知相关情况，未来如果出险，保险公司查出投保人或被保险人故意隐瞒后可能会拒赔，所以购买保险前一定要向保险经纪人如实说明健康状况。

二、保险产品的类型

（一）财产保险

财产保险，是为了防范财产损失而购买的保险。根据中国居民的资产配置习惯，大量财富集中于住房和汽车，所以家财险和车险是与普通投资者关系最密切的两类财产保险。

家财险是个人和家庭投保的最主要险种。凡有效、坐落在保险单列明地址内的房产，属于被保险人自身的家庭财产，都可以向保险人投保。住房安全关系到一个家庭很长一段时间的生活，一旦住房因为火灾、地震等发生损失，将会给个人的家庭生活带来重大影响。家财险的第一个功能就是当投保人的住房发生意外损失时能够获得一定的赔偿。注意，现实生活中，对于在地震带上的住房，很多保险产品会把地震、洪水等不可抗力作为除外责任。家财险的第二个功能是保障室内装修。俗话说，"装修老三年"，一旦辛辛苦苦装修好的住房出现水管爆裂、墙皮脱落等情况，家财险可以帮助减轻部分损失。家财险的第三个功能是，如果因为投保人的责任造成别人家伤亡或者财产损失，或者在投保人自己的房子里，因为投保人的过失导致别人出事而需要赔偿，可以帮助减轻部分损失。

车险是我国财产险的第一大业务，主要有交强险和商业险。交强险主要是保障因为投保人自己的原因造成别人伤亡或者车辆受损，赔偿额最高十几万元。交强险是国家强制购买的保险，不买交强险车辆将不能通过年检。

（二）人寿保险

人寿保险是人身保险的一种，以被保险人的寿命为保险标的，以被保险人的生存或死亡为给付条件。如果被保险人在保障期间不幸发生身故或全残，保险公司将给付受益

人一笔保险金。

人寿保险主要有定期寿险、终身寿险、两全寿险。定期寿险只在固定期限内进行保障，如果期满没有出险，保费也不会返还给投保人，价格相对较便宜。终身寿险是不定期的死亡保险。一旦保险合同订立，被保险人无论何时去世，保险人均应给付保险金。终身保险的保险期较长，费率高于定期保险，具有储蓄的功能。由于人的死亡是必然事件，所以终身保险的保险金自然也是支付给受益人。两全寿险结合了定期寿险和终身寿险的功能，意味着在满足一定的生存期限后能拿回保费，如果不幸身故也能得到赔付，价格最贵。

（三）健康保险

健康保险也称疾病险，是在被保险人身体出现疾病时，由保险人向其支付保险金的人身保险。在生活节奏日益加快、重大疾病年轻化的现代生活中，预防突然降临的疾病的重要性不言而喻。和普通的医疗险不同，重疾险保障的是发病率高且需要花费大量治疗费用的重大疾病。重疾险保障的范围是保监会确定的25种疾病，包括恶性肿瘤、急性心肌梗死等。重疾险主要用于分散重大疾病对生活造成的整体影响，只要符合条件，保险公司会一次性赔付保险金。重疾险大多是长期保障，定期一般保到六七十岁，而终身重疾险则保一辈子。

三、怎样选择保险

首先要明确一点，购买保险目的是基于目前的收入水平，为防范重大风险，避免自己和家人遭受重大意外而一蹶不振。所以，选择保险时，应该考虑自己的风险点、可用于投保的金额、投保期限。具体而言，可从以下四个方面考虑后选择保险：

（一）需求

保险最本质的特征在于防范风险。在买保险之前，先问问自己："我最担心的是什么？"如果一开始没有明确的答案，可以根据自己所处的人生阶段来思考可能会面临的最大风险。比如，如果是刚进入职场打拼的年轻人，最大的担忧可能是疾病导致自己无法正常工作生活，所以可以考虑购买一份重疾险。

有一个选择优先级口诀可供参考："先保障后理财，先人身后财产，先大人后小孩，先主力后其他。"

（二）预算

买保险最终的目的是保障未来的生活，而不是为买保险而买保险，所以在挑选保险之前要先考虑一个月能有多少资金用来交纳保费。一般来说，家庭保险总费用应该控制在家庭年收入的10%左右。

（三）产品

当确定了需求和预算，挑选保险就有了依据。除去根据保障类型划分的财产险、人寿险、健康险，根据给付方式的不同，还有消费型保险、储蓄型保险、分红型保险。购买了消费型保险，如果风险事件没有发生，保费就不会退回。购买储蓄型保险，即使风险事件不发生，保险公司也会按照一定利率连本带息退还保费，当然利息水平与一般的低风险理财相差不大。分红险带有一定的投资性质，保险公司为了吸引人来投保，会对投资收益进行分红。

（四）保额

保额最好要能覆盖损失范围。对于人身保险而言，在允许的范围之内，保额越高越好，毕竟生命无价。如果要确定下限，那就要考虑自己承受保费的能力。人寿保险主要为保障投保人去世后家人的正常生活，所以最低保额最好应能覆盖家庭还债、教育子女、赡养老人的费用。

第四节　其他投资品

除了债券、股票、保险，房地产、私募股权投资或者与经营相关的大宗商品也可以作为投资品。

一、房地产投资

（一）房地产的特征

房地产是差异化的不动产。同一个地区的不同小区，周边环境、开发商实力、物业管理水平千差万别；即使是同一小区，户型、配套设施、采光等也不一样。所以房地产基本上是一房一价。

房地产投资流动性差。房地产不像股票、债券那样可以分割成极小的份额，还有首付、购房资格、户口要求等限制。此外，房地产买卖需要支付评估费、中介费、税费等一系列费用，交易成本较高。所以在投资房地产时，一定要考虑合适的投资方式。

（二）房地产的投资方式

房地产的投资方式有很多种。投资者以投资增值或者收取租金为目的直接购买房产或地产，称为直接投资。将个人资金汇集在一起形成房地产基金，再购买不同的房地产，每个投资者获得房产所有权相关份额，分享基金增值的收益，这种方式称为间接投资。间接投资与股票型基金本质上一致。

直接投资房地产所需金额较大，且要求投资者必须具备一定的物业管理经验。间接投资能克服房地产流动性差的问题，同时可以实现不同房地产分散化的效果。由于房地产基金通常由专业的基金经理管理，因此投资者无须具备相关物业管理经验。目前，投资房地产的基金主要有房地产信托投资基金（REITs）和房地产运营公司（REOCs）。

REITs 的投资意义

据北大光华中国 REITs 课题组报告测算，中国公募 REITs 市场规模未来可达 4 万亿至 12 万亿元，发展空间极为广阔。

REITs 对于一、二级投资者，机构与个人投资者都具有重要意义。对于一级市场投资者而言，资本的收益和退出是社会资本考虑是否介入不动产项目的两个重要问题，而 REITs 为社会资本提供了新的退出渠道；对二级市场投资者，REITs 为投资者提供了几乎完美的替代途径，因为 REITs 相比直接不动产投资有着更高的流动性、更低的交易成本和更低的交易门槛；对机构投资者，在资管新规下，REITs 可成为机构投资者合规资产的新选择；对个人投资者，REITs 则可为居民的财产性收入提供大类资产，充分体现普惠性。

北大光华中国 REITs 课题组计算了美国及其他主要国家 REITs、股票、债券的收益率、波动率、风险调整收益比率后发现，若将时间拉长，权益型 REITs 的年化收益率普遍高于该国市场的股票收益率。

二、私募股权投资基金

（一）私募股权投资基金的要素

如果投资者看好某一项创业项目，可能会考虑直接入股该项目以分享日后公司经营的收益。这种直接投资的方式与直接投资房地产一样面临较大的风险，而且流动性不好，如果公司遇到问题可能难以退出。私募股权投资基金是为解决上述问题而产生的。

私募股权投资基金是投资于非上市公司股权或者上市公司非公开交易股权的基金。在私募股权投资基金的运作框架下，投资者是私募股权投资基金的投资人，持有私募股权公司发行的基金份额，获得基金的投资收益。私募股权公司（Private Equity，PE）是私募股权基金的发行人，负责选择合适的投资公司或项目，获得被投资公司的股权。私募股权投资基金最常见的组织形式是合伙制。投资者是有限合伙人（Limited Partnership，LP），是资金的提供者，不主动参与管理投资，其责任承担范围以参与金额为限。私募股权投资基金的投资者通常是合格投资者，要求单位净资产不低于1000万元，个人金融资产不低于300万元或者最近三年个人年均收入不低于50万元。

图3-1　私募股权投资基金关系图

（二）私募股权投资基金的类型

从投资的风格看，私募股权投资基金的类型包括风险资本（Venture Capital，VC）、并购、特殊交易。风险资本主要投资于处于早期阶段的公司，这类公司往往没有收入，但具备潜在的好思路和新技术，风险比较高，但一旦成功则可以获得很高的收益。并购一般发生在较为成熟的公司，私募股权投资基金通常会购买被投资公司的全部股权。特殊交易则是抓住某些特殊的事件寻找投资机会，比如投资于破产的公司，一旦破产公司起死回生则收益巨大。这种投资往往风险也较高，对冲基金通常参与其中。

私募股权投资基金要收取一定的管理费，通常是承诺资本的1.5%～2.5%，还有支付给普通合伙人用于投资银行等中介服务的费用。为了激励管理人取得更好的业绩回报，普通合伙人会对基金利润进行分成，通常是按扣除管理费后的20%收取；有些基金合约还设置"抓回条款"，即如果基金初期盈利而后期表现不佳，普通合伙人需要把之前收到的业绩奖励部分或者全部退回给有限合伙人。

📖 相关链接

格力电器混改，高瓴资本占得花魁

格力电器2019年10月28日晚公告，珠海明骏投资合伙企业（有限合伙）最终成为格力电器15%股权受让方，将一举跃居格力电器第一大股东，珠海明骏投资背后的高瓴资本作为战略投资者进入格力电器。

根据公开资料，高瓴资本于2005年创立，帮助30多家公司成功上市，代表投资企业包括腾讯、京东、携程、美团、滴滴、爱奇艺、Airbnb、Uber、美的、百丽国际、蓝月亮、良品铺子、药明康德等。2018年成立的"高瓴基金四期"募资高达106亿美元，为亚洲迄今为止规模最大的私募股权基金。

格力电器此前披露的征集条件明确提出，受让方要有能力为上市公司引入有效的技术、市场及产业协同等战略资源的条件。而高瓴资本持续在互联网、医疗健康、金融、软件服务、人工智能、先进制造、工业自动化等领域进行投入，并始终坚持助力服务实体经济，注重创新与技术改造。从高瓴资本在助推百丽数字化方向取得的有益成果看，"高瓴资本＋格力电器"的未来充满想象空间。与此同时，高瓴资本一直以来对建设粤港澳大湾区国家战略保持高度关注，在2006年即投资了格力电器，并连续十几年给予坚定支持；2013年，高瓴资本将其境内首只人民币私募股权投资基金落户珠海横琴新区。

三、大宗商品投资

大宗商品是自然资源类的实物商品，比如能源、谷物、家畜、工业金属、贵金属、经济作物等。运输行业需要控制燃油成本，餐饮行业需要控制农产品成本，同样，经营工商企业，可能会需要运用大宗商品来进行成本管理。

（一）大宗商品的特点

1. 能源。

能源在所有大宗商品中占据最高的经济价值，原油、天然气、原油精炼品是最主要的能源。原油藏在岩层中，短期不可再生，不用专门的存储设计，关键是开采和提炼，比如海底油田的开采需要大型钻井平台，要依靠强大的技术支持。不同地区原油的品质不同，会直接影响原油的价格。北海、中东地区的原油密度更轻，更容易提炼出可供工业使用的优质产品，因此价格也更高。一些密度较高的原油，如墨西哥原油，产品的提炼成本更高，价格也会更高。

原油本身不是最终用途的燃料，需要提炼为精炼产品，如煤油、柴油、航空汽油、丙烷、汽油和其他化工产品等。精炼产品的保质期通常为几天，因此炼油厂必须持续运行且协调需求以确保充足的供应。由于海洋原油资源丰富，许多炼油厂位于主要海岸线和港口，容易受到恶劣天气影响。

天然气则与原油不同，可以直接用于运输和发电等终端需求，不需要经过复杂的提炼过程，但是天然气的运输和保存较为困难，要以极低温压缩为液态运输和保存，因此天然气存储和运输成本相对较高。

2. 农牧产品。

谷物通常有足够长的储存期。有些谷物每年可以多次种植，有些谷物还可以在同一农场中同时种植。天气、虫害等因素会影响谷物的收成。和能源一样，技术和政治因素也会影响粮食的供需。畜牧产品的情况与谷物类似。

3. 工业金属。

工业金属是专用性强、附加价值高、应用广泛的金属，包括铜、铝、镍、锌、铅、锡、铁等。这些金属广泛应用于工业生产、基础设施建设和耐用品（汽车、飞机、船舶、家居用品、家用电器、军事产品）的制造中。因此，工业金属的需求与国内生产总值的增长直接相关。除了商业周期之外，政治因素、社会因素和企业投资决策以及环境监管因素等都会影响工业金属的供求。

4. 贵金属。

贵金属主要包括黄金、银、铂等，主要用于货币领域和工业生产。其中黄金是重要的储值手段，在通货膨胀时可以有效对冲风险。银、铂等则是汽车、电子等行业不可或缺的原材料，所以贵金属需求受经济周期影响很大。

（二）大宗商品的价格影响因素

大宗商品的投资主要运用于远期、期货、期权等衍生品中。预测大宗商品的价格不是根据未来的盈利能力和现金流，而是基于商品供需情况、未来的价格波动预期等因素。对大宗商品价值的预测可能是商品生产者和消费者的估算，也可能是一个不进行基本面分析，只基于多年的经验和一些技术分析的场内交易人的直观判断。大宗商品会产生运输和存储等方面的费用。这些连续性支出会影响不同到期日生产品的合约价格。如果某一大宗商品的存储和运输成本较高，那么该商品期货的价格会随着合约期限的延长而加速增长。

四、艺术品投资

（一）艺术品的特点

艺术品是一个国家、一种文化的历史印记，也是一种情感资产和动产。实物形式只是艺术品的载体，内在的精神价值、审美价值、历史价值、文化价值、工艺价值才是艺术品最核心的价值。与股票、债券等标准化金融资产不同的是，艺术品资产的非标准化程度很高、流动性很低，需要很强的艺术鉴赏力，信息不透明、主观因素等都对艺术品价值的确定有很大影响。

除去艺术品特有的人文价值，作为一种投资品，它不可复制，极具稀缺性，所以长期投资价值极大。目前艺术品投资领域被广为引用的"梅—摩"指数创始人之一、长江商学院的副院长梅建平有一段被频繁引用的话："100年以前，道琼斯指数有33家蓝筹股公司，如今，33家蓝筹股公司只留下一家，就是通用电气。2008年金融危机，158年的雷曼兄弟倒闭了，很多百年老店也难逃倒闭的危险。而1900年的100个印象派和古典派大家，如今还有95个人的画作活跃在各大顶级拍卖会上。可以说，艺术品最能经历时间的考验，是最好的投资。"

（二）艺术品的投资类型

艺术品投资也有不同的板块，目前国内主要把书画类艺术品当作研究的主要标的，因为这一类别是迄今为止历史最长、存世数量最多、拍卖纪录最多、拍卖价格纪录最高的艺术品门类。在以中国文化为代表的亚洲区，艺术品投资的板块还包括瓷器、雕塑、玉器、古籍善本、珠宝、家具和其他杂项。其中瓷器是中国艺术品中独有的大类，例如，单色釉瓷器的拍卖价格纪录是2019年1月6日保利厦门2018年秋季拍卖会上成交的清乾隆外粉青釉浮雕芭蕉叶镂空缠枝花卉纹内青花六方套瓶，成交价高达1.3亿元。

（三）艺术品投资的方法

艺术品投资首先要平衡艺术与商业的关系。艺术和商业是一对历史悠久的冤家，过度的商业化会侵蚀艺术的本来面目，但从本质上讲又不尽然。商业的本质在于价值交换，利益机制能够长期维持这种价值交换。如果一个伟大的艺术家给后人留下了宝贵的精神财富，那么他的贡献理应得到相应的回报，他的作品也应该更为广泛地流传。人性有弱点，要保持这种持续性，不能靠某几个人或某一小部分人的赤诚，只有商业才能持续地、广泛地维持这种流传性。所以，艺术品投资是人文修养与商业智慧的结合。对于投资者而言，除去完善自己的资产组合，更重要的是欣赏艺术作品内在的情感，间接推动社会文化价值感的确立，成为社会文化的传承者，正如第一单元提到的，约翰·皮尔庞特·摩根追求"让美国人可以不用去欧洲学文化"。鉴别艺术，传承艺术，为艺术品找到合适的价格，这本身就是一种艺术，它与故弄玄虚的炒作有本质区别。

具体到艺术品的选择层面，要分清艺术品的高下优劣。拿书画类举例，首先要分清一流书画家、地方性书画家、一般书画家的作品，这和他们的市场价值是互相匹配的。一流书画家的作品也会分为正式作品和即兴之作、联系之作和应酬之作，其艺术价值和市场价值会相差很大。有些艺术品保存难度大、成本高，要结合自身情况做好保管措施。比如瓷器，如果破损严重就会影响器物的整体美感，价值100万元左右的东西，损伤后价格就会缩水到10万元左右；又如书画，倘若画面"疲"掉、出现霉斑或款识不清，就会影响鉴赏家对其真伪的判断。艺术品的真伪也是影响价格的重要因素，"宁可买贵，不可买错"。所以在购买时，要选择有良好商业口碑、商业道德和市场形象的知名艺术品经营企业。

❀知识拓展

购买汽车时会涉及哪些商业险？

汽车商业险分为4种主险和11种附加险。主险包括车辆损失险、第三者责任险、机动车车上人员责任险和机动车全车盗抢险，附加险包括玻璃单独破碎险、车辆停驶损失险、自燃损失险、新增设备损失险、发动机进水险、无过失责任险、代步车费用险、车身划痕损失险、不计免赔率特约条款、车上货物责任险等多个险种。主险一般必须购买，附加险可结合自身情况选择是否购买。

☗复习思考

1. 股票的价值和价格有什么关系？
2. 比较中国股市与美国股市的差异，分析产生这种差异的原因。

◉实践拓展

　　著名的投资经理人彼得·林奇在《战胜华尔街》一书中写道：业余投资者比专业投资者的业绩更好。他讲述了美国圣阿格尼斯学校学生们按照确定的原则选出的股票组合大幅跑赢当年标普500收益率的案例。学生们的选股原则包括：（1）每个组合中至少分散投资于10家公司；（2）其中一两家有相当不错的分红；（3）如果不能解释清楚公司的业务是怎么回事，就不能买入这只股票。他们4人一组，找出一些具有潜在投资吸引力的公司，然后逐个研究，分析公司的盈利能力，比较不同公司的优劣，最后一起讨论决定选择哪些股票。请你也找3个同伴，尝试这一选股实验，记录不同时期组合的收益情况并进行思考。

投资的原则

在基本了解各种投资品的基础上，通过本单元的学习，我们要摒弃不良的投资习惯，树立并坚持理性的投资原则。

导语 说到投资，许多人都会想到1981年诺贝尔经济学奖得主詹姆士·托宾的名言："不要把鸡蛋放在同一个篮子里。"这句话的意思是，在投资时应该通过分散化来降低风险。很多人深信并坚持这个原则，但实际上并没有有效地降低投资风险。这句话的后半句"但是也不要放在太多的篮子里"，同样值得注意，过度的分散化有可能使收益趋同于市场平均收益。收益与风险是相伴而生的，承担适度的风险，才有可能得到更优的预期回报。我们应该如何进行投资呢？

创富人生

第一节　摒弃不良投资习惯

一、避免追涨杀跌

追涨杀跌是许多投资新人常犯的投资错误，也是投机者很喜欢的短线操作方式。以股票市场为例，追涨是指在股票上涨的时候买入，杀跌是指在股票下跌的时候卖出，追涨杀跌的本质就是想要跟随价格波动的趋势进行投资。

理论上，每天都会有上涨的股票，如果能够每天都抓住并且每次操作都能实现高抛低吸，那么收益率会很可观；但事实上股票价格的波动是难以预测的，背后涉及各种各样的利好或利空信息，连专业的机构投资者也无法准确地预测。普通投资者获取信息的渠道相对较少，对股票真实价值的判断误差相对较大，如果一味追涨杀跌，很有可能造成亏损。

同时，在股票市场中还充斥着一些投机因素，比如有人故意大笔买入某股票提高其价格以吸引投资者进入，然后再突然卖出赚取差价，反应不及时的普通投资者就有可能遭受很大损失，这也就是我们常说的"割韭菜"。

很多奉行追涨杀跌方法的投资者甚至总结出了一些"经验"：比如看成交量，看哪只下跌的股票在价格底部突然有大金额的买入成交，说明其受到了资金的关注，或者如果哪只股票的换手率超过了50%甚至达到100%，那就说明投资者已经充分变更，未来的投资方向有可能会发生改变。还有的投资者相信板块的轮转，认为某一股票板块上涨一段时间后，就会轮到另一个板块上涨。总而言之，所谓追涨杀跌的"经验""策略"没有任何理论支持，无法作定量或定性的分析，归根结底只是"臆想"，对投资没有科学的参考价值。

二、远离集中持股

有些投资者会习惯性地投资自己所了解的行业板块或自己熟悉的公司，认为这样才能更准确地掌握股票价格的波动趋势，因此很容易走到过度集中的误区。资金量较大的投资者仅仅持有两三只、甚至一只股票，会让资产组合变得十分脆弱，也许一个小小的市场波动就会造成巨大的损失。

三、避免过度分散

有些投资者想要分散化，事实上却并没有达到降低风险的效果。因为他们看起来是投资了不同的股票，但这些股票或者是属于同一类型公司，或者是属于同一概念，其间的相关系数非常高，β系数大致相同，也就是说在同样的市场行情下，这些股票的价格波动可能是近似相同的，那么就等同于投资了同一个产品，并没有真正达到分散化。

有些投资者会出现过度分散的情况，即选择投资过多股票，这样的投资策略也有很大问题。首先，投资多只股票就会导致相对应的持仓成本上升，频繁的交易会付出更多的成本；其次，每个人的精力是有限的，投资的股票都需要付出很多时间去了解相关信息，所以普通投资者很难兼顾多只股票。最后，投资的目的一定是追求符合预期的收益，配置资产组合的目的也是希望获得超过市场平均的收益率，过度分散就会使得收益率趋近于市场平均，这样还不如直接购买追踪市场行情的指数或者基金，与费心费力的操作相比，还可以省去一些沉没成本。

四、克服人性弱点

（一）一味追求高收益

不同的投资者和不同类型的投资本金所能承受的风险程度是不同的，我们应该选择最适合自己的投资产品，而不是一味地追求高收益产品。一般来说，没有稳定经济来源的学生的风险承受能力要小于有固定收入的投资者，所以学生相对更适合投资比如货币基金这样的产品，而有一定经济基础的投资者可以根据自身情况选择股票型基金。如果有一笔可以闲置一年以上的资金，可以投资长期的理财产品来获取相对较高的收益；如果资金闲置时间较短或随时有可能取用，就应该选择期限较短、流动性较高的产品来满足投资需求。

有的投资者为了追求高收益，盲目追求所谓"热点股""龙头股"，却忽略了自身的风险承受能力。收益与风险是呈正相关的，高收益背后就是巨大的波动，对于承受能力较低的投资者来说，片面追求高收益是非常危险的投资方式。有的投资者甚至选择投资于没有资质的互联网金融公司，结果遇到庞氏骗局，公司一旦跑路，投资者便会血本无归，这种案例比比皆是。

（二）跟风投资

有些普通投资者相对欠缺专业的投资知识，没有成型的投资策略，所以十分偏好所谓"专家"的意见，或者容易听信所谓"内幕消息"。比如有的投资者不知道自己所持有的股票未来的趋势或者对自己的判断没有信心时，会选择去"股吧""论坛"甚至QQ、微信群聊中去查看他人的意见，当大多数人意见是统一的时候，他就选择相信大家的判断，这就是典型的"羊群效应"。某些投资者可能有自己准确的判断，但当大多数人与自己的判断不同时，他们可能就会动摇而选择相信多数。还有的投资者选择去相信所谓的"专家荐股"，这些所谓的"专家"，往往都打着类似"有数十年经验""收益率超高""自创体系"等噱头来诱骗投资者进行投资，以收取会员费或者背后进行趋同或反向交易的方式来牟利，而实际上这些人没有任何专业性，投资者往往会因此遭受巨大的财产损失。

（三）过度自信

在投资者中经常会看到这样一个有趣的现象：当很多投资者聚到一起聊自己的投资策略时，每个人都说得头头是道，但一聊到收益率，却发现每个人都不太高。大多数人都不会把收益率不高的原因归咎于自己能力不行，相反会归因于最近行情不好、运气不好买的股票爆出黑天鹅事件、机构投资者操纵股价等，这在经济学上称为"自视偏误"。通俗的理解就是过度自信，人们总是习惯把成功归功于自己的能力而把失败归咎于客观因素。经济学中假设人都是完全理性的，但现实中很多投资者都是不理性的。

（四）赌博心理

为了追求高收益，有的投资者会犯类似于赌博心理的错误，即想要以小博大，盲目追求类似衍生品或者质押回购、融资融券等风险较高的产品。一旦预测成功，可能会赚取数倍乃至数十倍的利润，而一旦预测失败，便会亏空所有本金。比如一度热度很高的"炒币"，就是一种典型的投机行为，大部分投资者根本不懂虚拟货币、区块链的本质，只是看到他人获得高收益就盲目地选择投资，最后损失惨重。

（五）情绪波动大

　　普通投资者最容易说的话就是"后悔不该买这只股票""不该卖这只股票"，股票一旦涨了，立刻高兴地去消费庆祝，一旦下跌就郁郁寡欢，这都是过度情绪化的表现。任何金融产品都有它的价格周期，不可能永远涨或者永远跌，只有正确地看待涨跌，时刻保持理性，才能避免情绪化操作。

　　从很多投资者的持仓情况看，如果能够长期持有，也会有不错的收益。但他们由于情绪波动过大，不能坚持持有股票，不停地买入、卖出，最后反而没有正收益；有的人可能亏损一点，为了挽回损失就马上加大投资，最后反而亏损更加严重，陷入了一个死循环，最后甚至血本无归。"投资有风险"，每个投资者都应该理性面对盈亏。

第二节　树立正确投资观念

一、了解能力圈

每个人都有自己的能力圈，比如自己所处的行业、自身的知识储备、熟悉的领域等。人对自身能力圈的认知有这样一个过程：不知道自己不知道—知道自己不知道—不知道自己知道—知道自己知道。坚持在自己的能力圈内投资，做到这一点就"成功"了一半。

随着知识和经验的不断积累，人的能力圈会逐渐扩大，但一定不要经受不住利益的诱惑跨出能力圈；一旦超出自己的能力圈，就仿佛在茫茫的大海中毫无方向地前行，极易犯错。比如，投资股票时，要尽量选择自己了解的股票，不要跟风买入自己不了解的股票。要理性、适度地扩大能力圈，把握自身投资的原则，掌握自身的投资方向，尽量在投资道路上少走弯路。

二、坚持风险管理

风险是客观存在的因素，投资者需正确认识风险、管理风险、规避风险。如果有人向你推荐一种"没有风险"的投资理财方式，你可以毫不犹豫地拒绝他，因为这很有可能是骗子编织的谎言。投资者应合理地评估自己的风险承受能力，挑选适合自己的理财产品，不要盲目听从他人建议而选择不适合自己的产品，导致资产损失。投资者可以通过避免、抑制、分散、转移等方法管理风险。

三、寻找安全边际

安全边际是指现有销售量或预计未来可以实现的销售量与盈亏两平销售量之间的差额，其计算方法是：安全边际＝现有（预计未来可以实现的）销售量－盈亏两平销售量。安全边际是以绝对量反映企业经营风险程度的。一般来说，当安全边际或安全边际率较大时，企业对市场衰退的承受力也较大，其生产经营的风险程度较小；当安全边际或安全边际率较小时，企业对市场衰退的承受力也较小，其生产经营的风险程度较大。

对于投资而言，安全边际指投资品的价值与价格的差额。当价值被低估的时候安全边际为正，当价值与价格相当的时候安全边际为零，当价值被高估的时候不存在安全边际或安全边际为负。价值投资者只对价值被低估特别是被严重低估的对象感兴趣。安全边际不保证能避免损失，但能保证获利的机会比损失的机会更多。

对于债券或优先股而言，安全边际代表盈利能力超过利率或者必要红利率，或者代表企业价值超过优先索赔权的部分。对于普通股而言，安全边际代表计算出的内在价值高于市场价格的部分，或者特定年限预期收益或红利超过正常利息的部分。

安全边际更适合被视为一种投资的基础思维和方法论，而不是一个生搬硬套的技术指标或者行为标准。它的意义在于让投资者认识到：无论是什么投资品，最关键的核心都是保证自己的本金安全，以此为基点构建稳定合理的资产组合。

四、坚持逆向投资

在股票市场中，传统的有效市场假说认为，股票收益是不可预测的。然而，近二十年来的实证研究不断发现，股票收益率具有一定的可预测性，这使得传统的资产定价模型和市场效率理论遇到了巨大的挑战。在此背景下，行为金融理论和行为金融投资策略产生并发展起来，逆向投资策略就是其中之一。逆向投资策略是指根据过去一段时间的股票收益率情况进行排序，买入过去表现较差的股票，卖出过去表现较好的股票，据此构成的零投资组合在未来一段时间内将获得较高收益的投资策略。

行为金融理论认为，投资者在实际投资决策中，往往过分注重上市公司近期表现的结果，通过简单外推的方法，根据公司的近期表现对未来进行决策，从而导致对公司近期业绩情况做出持续过度反应，形成对绩差公司股价的过分低估和对绩优公司股价的过分高估现象。这就为投资者利用逆向投资策略提供了套利的机会。

运用逆向投资策略进行投资，实质上是使投资者通过对基于过度自信等引起的噪声交易者反应偏差的修正而获利。投资者应当密切关注证券市场上各种股票的价格走势，并将其价格与基本价值进行比较，寻找价格远远偏离价值的股票，构建投资组合，等价格回归价值时获得收益。在实际的证券交易中，投资者可以选择低市盈率、低市净率、历史收益率低、鲜有人问津的股票，这些股票由于长期不被投资者看好，价格的负泡沫现象比较严重，其未来的走势就可能是价值回归。特别是当股市走熊时，市场往往对具有较大潜力的中小盘成长股关注不够，投资者应该努力挖掘这类成长型股票并提前介入，等待市场走好、价值回归时就可以出售获利。

⚙ 知识拓展

金融衍生品中期权与期货的区别是什么？

（1）期权。

期权是指一种合约，源于18世纪后期的美国和欧洲市场，该合约赋予持有人在某一特定日期或该日之前的任何时间以固定价格购进或售出一种资产的权利。期权定义的要点如下：

①期权是一种权利。期权合约至少涉及买家和出售人两方。持有人享有权利但不承担相应的义务。

②期权的标的物。期权的标的物是指选择购买或出售的资产，包括股票、政府债券、货币、股票指数、商品期货等。期权是这些标的物衍生的，因此称衍生金融工具。值得注意的是，期权出售人不一定拥有标的资产。期权是可以卖空的，期权购买人也不一定真的想购买资产标的物。因此，期权到期时，双方不一定进行标的物的实物交割，而只需按价差补足价款即可。

③到期日。双方约定的期权到期的那一天称为到期日，如果该期权只能在到期日执行，则称为欧式期权；如果该期权可以在到期日或到期日之前的任何时间执行，则称为美式期权。

④期权的执行。依据期权合约购进或售出标的资产的行为称为执行。在期权合约中约定的、期权持有人据以购进或售出标的资产的固定价格，称为执行价格。

（2）期货。

期货与现货完全不同，现货是实实在在可以交易的货（商品），期货主要是以某种大宗产品，如棉花、大豆、石油等，以及金融资产如股票、债券等为标的的标准化可交易合约。标的物可以是某种商品，如黄金、原油、农产品等，也可以是金融工具。

交收期货可以是在一星期之后，一个月之后，三个月之后，甚至一年之后。

买卖期货的合同或协议称为期货合约。买卖期货的场所称为期货市场。

🎓**复习思考**···

1. 过度集中和过度分散化的投资都是不正确的，那么在投资时应该怎么选择分散化的程度？在什么样的情况下可以适度集中投资，什么样的情况下可以相对分散地投资？

2. 有人认为，穷人没有理财的必要，再怎么增值也不会有多少，所以理财没有意义。你认可这样的观点吗？

🌰**实践拓展**···

爸爸在听朋友说有几只股票最近表现不错后，准备把所有积蓄都用来买这几只股票，还要拉着舅舅一起购买，这样的选择是理性的吗？你应该怎样劝他呢？你觉得怎样才能帮助家人树立正确的投资观呢？

理财规划

通过本单元的学习，我们将了解如何根据人生不同时期制定理财规划目标的思路和资产配置方案的方法。

导语👉 英国有一名71岁的老人托马斯，他20世纪60年代在银行里存了120英镑，当时看，这是一笔不小的资产了。托马斯后来却将这笔存款忘得一干二净。2019年，妻子在家中柜子的抽屉底下发现了这笔120英镑的存折。经过50多年，托马斯当年的120英镑存款如今已经增长了57倍，变成了6960英镑。如果当年托马斯用120英镑进行抵押贷款购房，那么他的房子现在已经价值18万英镑了，也就是说房价增长了大约599倍。由此可见，良好的理财规划可以在相对长的时间内保障个人财务状况的持续健康。理财规划应成为现代人的基础技能。

创富人生

第一节 设计个人财务报表

一、货币时间价值和复制效应

货币时间价值，是指在不考虑风险和通货膨胀的情况下，货币经过一定时间的投资和再投资所增加的价值。由于再投资使本金不断增加，因此会产生复利效应，复利计息条件下资产规模随期数成指数增长，因此复利效应也被爱因斯坦称为"世界第八大奇迹"。正确理解货币的时间价值和复利效应有利于个人进行合理的理财规划，这将对个人未来的财务状况产生非常大的影响。

假设有三个普通人，一生工作时间均为30年，每年均节余5万元，分别采用了以下三种理财方案：

方案一：每年存5万元至银行活期账户，银行活期存款年化利率0.3%；

方案二：每年都做一年期银行固定理财，年化利率4%；

方案三：进行合理的资产配置，年化复合利率10%。

工作30年退休后，这三人的资产会有多大差别？

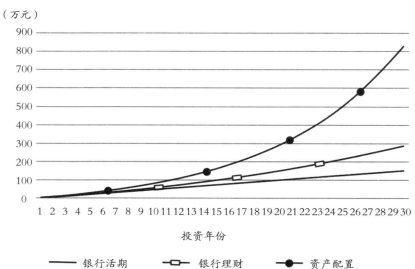

图5-1 不同理财方案的资产情况

如图5-1所示，采用方案一，30年后的本息为156.7万元；采用方案二，本息为280.4万元；采用方案三，本息为822.4万元。而且，随着时间的推移，个人总资产差距会越来越大。如果将时间由30年增加到40年，方案一和方案三的本息总金额差距将会接近10倍。

很多刚刚大学毕业的年轻人对于理财的第一想法就是：我没有财，也不懂理财，没有理财的必要。这是缺乏财商的典型表现。刚刚毕业的这段时间是理财非常好的时期，因为此时个人资金不多，有充分的试错机会，且个人事业处于上升期，资金在不断积累，可以大胆地尝试理财工具。学习理财的第一步就是通过制定全面详细的财务报表来记录自己的资产、负债、现金流，充分了解自己的财务状况。

二、个人现金流量表

在会计学中，现金流量表是反映一段时间内企业资金流入流出情况的财务报表，它以收到和支出资金为标准来记录企业的现金流情况。比如某企业在2020年4月以4000元的价格卖出了商品，但是直到2020年6月才收到货款，那么这笔营业收入会算在4月的利润表中，但是要到6月份收到货款的时候才计入现金流量表。从个人的角度而言，如果我们在4月初工作，应该获得4月的工资，但是被拖到了6月底才发，那么5月、6月就要合理安排开支。对个人而言，资金项目没有企业复杂，重要的是保证自己手中时刻有资金满足日常开支和理财需求。对此，我们可以仿照企业财务报表的原则来设计个人现金流量表。

表5-1 个人现金流量表

收入				支出			
主动收入		被动收入		固定支出		弹性支出	
项目	金额（元）	项目	金额（元）	项目	金额（元）	项目	金额（元）
工资	5500	投资所得	100	房贷	3500	旅游	2000
				餐饮	1000		
合计		合计		合计		合计	

如表5-1所示，实际流入的现金就是收入，实际流出的现金就是支出。收入分为主动收入和被动收入，支出分为固定支出和弹性支出。主动收入就是通过个人劳动获得的收入，比如工资。被动收入是不需要个人劳动就可以获得的收入，比如投资所得、租金等。固定支出是个人每个月的衣食住行等必要花销，一般相对稳定，上下浮动不大。弹性支出是每个月可花可不花的钱，比如买电影票、旅游消费等。通过现金流量表，个人可以清楚地了解自己的收支情况。如果有不合理的开支，可以即时改变消费习惯。

个人现金流量表不仅可以作为收支记录表格，也可以作为计划表格。比如某人希望每月储蓄5000元，他就可以将其总收入减去固定支出的金额，计算出本月可用的弹性支出。将每月的弹性开支储存到某一特定银行卡等平台，当出现弹性开支时，就可以用特定平台进行消费。

三、个人资产负债表

理财规划不仅需要有一张个人现金流量表，在做长期规划时，还需要有一张资产负债表来反映个人的"家底"。个人现金流量表所表达的是在一固定期间（通常是每月或每季）内个人现金的增减变动情形，个人资产负债表则是表达个人在某一时点（如2020年1月1日）的资产债务情况。下面展示一个简单的资产负债表，供参考。

表5-2　个人资产负债表

总资产		总负债	
项目	金额（元）	项目	金额（元）
货币资金		短期借款	
金融资产		长期借款	
固定资产		房屋贷款	
出借账款		汽车贷款	
其他		其他	
合计		合计	

如表5-2所示，总资产为本人拥有或可以控制的、能够带来经济利益的全部资产，

收入和支出的变动都会带来总资产的变动。总负债指个人需要承担并偿还的全部债务。表格编制原则是，总资产一栏，从上至下，流动性最好的资产（货币资金）放在最上方，流动性最差的资产（如出借账款等）放在表格下方，所有资产的流动性一目了然，有利于做资产规划。总负债一栏，按照短期负债、固定负债、长期负债的顺序从上到下依次排列。短期负债（如信用卡借款），必须低于货币资金，这是底线。最好的情况是，货币资金为短期负债和固定负债之和的6倍以上。这样可以保证个人在没有现金流入时，财务状况能支撑半年以上生活。有些人认为，自己没有一分钱负债才安心。但其实不管是个人还是公司，适当负债能帮助其更快发展。当然，资产负债率一定要控制在一定范围内。

第二节 设定理财目标

一、评估风险承受能力

理财目标应依据每个人的自身情况和所处的不同的家庭环境、社会环境而设定。某些大型金融机构，如银行、证券公司等，按照客户的主观风险偏好类型和程度，将投资者分为以下几类。

（一）进取型

进取型投资者的风险承受能力最高，他们愿意去冒风险追求超高收益和资产的快速增值，这类客户一般比较年轻，有专业知识技能，敢于冒险，社会负担较轻。他们敢于投资股票、期权、期货等有杠杆性质的金融衍生品以及外汇、股权、艺术品等高风险、高收益产品。进取型客户追求的年化收益率目标在15%以上。

（二）成长型

成长型投资者的风险承受能力仅次于进取型投资者，他们在选择投资品时一般不会选择有杠杆或者是另类的投资品，往往会选择适合长期持有，收益较高但风险较低的产品，如开放式股票型基金、大型蓝筹股票等。成长型投资者追求的年化收益率目标为8%～15%。

（三）平衡型

平衡型客户既不厌恶风险，也不会刻意去追求风险，对任何投资都比较理性，只要能获得和整个社会的通货膨胀率相当的收益就行，目标是资产不贬值。平衡型投资者往往选择债券、房产、黄金、基金等。平衡型投资者追求的年化收益率目标为5%～8%。

（四）稳健型

稳健型投资者总体来说已经偏向保守，相比收益他们更加关心风险。稳健型投资者一般是即将退休的中老年人，他们喜欢选择保本又有较高收益的结构性理财产品。稳健型投资者追求的年化收益率目标为3%～5%。

（五）保守型

保守型投资者十分厌恶风险，他们一般是步入退休阶段的老年人，家庭成员较多，社会负担较重，风险承受能力很低。保守型客户通常选择国债、存款、保本型理财货币与债券基金等低风险低收益产品。保守型投资者追求的年化收益率目标在3%以下。

二、结合家庭生命周期

设定理财目标，不仅需要考虑自身风险偏好，还应该把个人放在家庭生命周期中去考虑。一般而言，个人的生命周期与家庭生命周期紧密相连，都有其诞生、成长、发展、成熟、衰退至消亡的过程，在生命周期的不同阶段有着不同的特征需求和目标，如表5-3所示。美国经济学家弗兰克·莫迪利安尼提出了家庭储蓄的生命周期理论，该理论可以帮助个人在相当长的一段时间内计划个人的消费和储蓄行为，以实现生命周期内收支的最佳配置。弗兰克·莫迪利安尼因此获得了1985年诺贝尔经济学奖。

表5-3 个人生命周期理财活动

阶段	探索期	建立期	稳定期	维持期	高原期	退休期
年龄	15～24岁	25～34岁	35～44岁	45～54岁	55～60岁	60岁以后
家庭形态	以父母家庭生活为重心	择偶结婚、有学前子女	子女上中小学	子女进入高等教育	子女独立	以夫妻两人为主
理财活动	求学深造、提高收入	银行贷款、购房	偿还房贷、筹教育金	收入增加、筹退休金	负担减轻、准备退休	享受生活、规划遗产
理财工具	活期、定期存款、基金定投	活期存款、股票、基金定投	自用房产、股票、基金	多元投资组合	降低投资组合风险	固定收益投资为主
保险计划	意外险、寿险	寿险、储蓄险	养老险、定期寿险	养老险、投资型保险	看护险、退休年金	领退休年金至终老

资料来源：《证券投资顾问业务》。

（一）探索期

理财并不是从步入社会领取第一份收入开始，而是应从学生时代尤其是大学生时代就开始准备。无论所学的专业是否为经济类专业，大学生都应学习和掌握一些基本的理财知识，适当尝试一些理财操作。在大学时代应逐步培养良好的理财习惯，如财务记账等，这将使个人在今后的理财活动中受益无穷。

（二）建立与形成期

一般来说，个人刚开始工作时，收入基数较低，还没有足够多的资金和经验从事投资，无法获得较多投资性收入。这一时期是个人财务的建立与形成期，理财目标主要为筹备结婚、买房、买车、继续教育等，如不科学规划，很容易形成入不敷出的窘境。因此必须加强现金流管理，合理安排日常开支，适当节约资金，进行适度的金融投资，如股票、基金、外汇、期货投资等。

（三）稳定期

一般来说，成家立业后，个人财富积累逐渐增多，为金融投资创造了条件。未来将要面临子女教育、父母赡养、养老退休三大理财重任，要尽可能多地储备资产、积累财富，未雨绸缪，因此这一时期要做好投资规划与家庭现金流规划。可考虑采取定期定额、基金投资等方式，利用投资的复利效应和长期投资的时间价值，积累财富；同时要注意为个人及家庭购入人身险、意外险等险种，防患于未然。

（四）维持期

这一时期是个人事业发展的黄金期，收入和财富积累都处于人生最佳时期，更是个人财务规划的关键时期。在此阶段，个人面临的四大财务考验是：为子女准备教育费用、为父母准备赡养费用、为自己退休准备养老费用、还清所有中长期债务。个人既要通过提高收入以积累尽可能多的财富，更要善用理财工具创造更多的财富。

（五）高原期

在我国，目前男性60岁、女性55岁退休，这时房贷等中长期债务一般已经还清，子女一般已经步入了社会，因此这个时期基本上没有大额支出和债务负担，财富积累达到了最高峰。在此阶段，个人的主要理财任务是妥善管理好财富，主动调整理财组合，降低理财风险，以保守稳健型理财为主，配以适当比例的进取型理财，使资产得以保值增值。

（六）退休期

一般来说，退休后的主要人生目标就是安享晚年。这一时期的理财以安全为主要目标，以保本为基本目标。理财组合应以固定收益工具为主，如各类债券、债券型基金、货币基金、储蓄等。这一时期的财务支出除日常费用外，最大的一块就是医疗保健支出。除了在中青年时期购买的健康保险能提供部分保障外，社会医疗保障与个人储备的积蓄也能为医疗提供部分费用。除了社保与商业保险外，还要为自己准备一个充足的医疗保障基金。

三、参考标准化配置方案

个人应根据生命周期的不同阶段，从资产流动性、收益性、风险性等方面综合考虑，制定理财规划。比如，某人大学毕业才两三年，积累的资产还不多，但处于事业上升期，且没有育儿和养老的压力。这类人可以去配置更多的风险资产，比如股票、股票型基金。再如，随着个人年龄增大，股票等风险资产的理财比重就应该逐步降低，固定收益类的银行理财比重就应该逐步加大。根据生命周期各阶段的特点设置理财重点，如下表5-4所示，供参考。

表5-4　家庭生命周期各阶段的理财重点

	家庭形成期	家庭成长期	家庭成熟期	家庭衰老期
年龄	22～35岁	30～55岁	50～60岁	60岁以上
保险安排	提高寿险保额	准备子女教育年金、高等教育学费	养老保险或递延年金、储备退休金	投保长期看护险或将养老险转即期年金
核心资产配置	股票70%、债券20%、货币10%	股票50%、债券40%、货币10%	股票20%、债券60%、货币20%	股票10%、债券60%、货币30%
	预期收益高、风险适度的银行理财产品	预期收益较高、风险适度的银行理财产品	风险较低、收益稳定的银行理财产品	风险低、收益稳定的银行理财产品
信贷运用	信用卡、小额信贷	房屋贷款、汽车贷款	还清贷款	无贷款

资料来源：《证券投资顾问业务》。

第三节 资产配置策略

资产配置的目的是根据理财者的需求，组建各类理财产品为一个组合，在承担一定风险的情形下，按照这个组合理财，使理财回报率实现最大化。

一、资产配置的意义

我国居民的资产配置意识相对薄弱，一般将资产过度集中于单一理财产品中。这种投资方式是很不合理的。因为每一种理财产品每一年的收益情况是不断在变化的，部分投资品还会出现较大的波动。

表5-5 2004—2019年各大类资产收益比较

2019年	沪深300 36.07%	原油 33.62%	标普500 29.97%	黄金 18.39%	企债指数 5.74%	CPI 4.50%	定期存款 1.50%	房价 −1.97%
2018年	企债指数 5.74%	CPI 2.10%	定期存款 1.50%	房价 0.93%	黄金 −1.65%	标普500 −6.24%	原油 −23.78%	沪深300 −25.31%
2017年	沪深300 21.78%	标普500 19.42%	黄金 13.26%	原油 11.52%	房价 9.28%	企债指数 2.13%	CPI 1.60%	定期存款 1.50%
2016年	原油 45.37%	房价 36.43%	标普500 9.54%	黄金 8.59%	企债指数 6.04%	CPI 2.00%	定期存款 1.50%	沪深300 −11.28%
2015年	房价 20.40%	企债指数 8.84%	沪深300 5.58%	定期存款 1.50%	CPI 1.40%	标普500 −0.73%	黄金 −10.54%	原油 −30.98%
2014年	沪深300 51.66%	标普500 11.39%	企债指数 8.73%	定期存款 2.75%	CPI 2.00%	黄金 −1.51%	房价 −4.87%	原油 −45.58%
2013年	房价 20.40%	标普500 29.60%	原油 7.49%	企债指数 4.36%	定期存款 3.00%	CPI 2.60%	沪深300 −7.65%	黄金 −27.57%
2012年	房价 45.99%	标普500 13.41%	沪深300 7.55%	企债指数 7.49%	黄金 5.61%	定期存款 3%	CPI 2.60%	原油 −7.09%
2011年	黄金 9.82%	原油 8.15%	CPI 5.40%	定期存款 3.50%	企债指数 3.50%	标普500 0.00%	房价 −6.22%	沪深300 −25.01%
2010年	房价 37.80%	黄金 29.53%	原油 15.15%	标普500 12.78%	企债指数 7.42%	CPI 3.30%	定期存款 2.75%	沪深300 −12.51%
2009年	沪深300 96.71%	原油 77.94%	房价 60.72%	黄金 24.14%	标普500 23.45%	定期存款 2.25%	企债指数 0.68%	CPI −0.70%

续表

2008年	企债指数 17.11%	黄金 6.23%	CPI 5.90%	定期存款 2.25%	房价 2.15%	标普500 −38.49%	原油 −48.50%	沪深300 −65.95%
2007年	沪深300 161.55%	黄金 31.35%	原油 29.46%	房价 28.25%	CPI 4.80%	定期存款 4.14%	标普500 3.53%	企债指数 −5.49%
2006年	沪深300 121.02%	房价 26.76%	黄金 22.95%	标普500 13.62%	原油 9.60%	定期存款 2.52%	CPI 1.50%	企债指数 0.77%
2005年	原油 40.48%	企债指数 24.08%	黄金 18.36%	房价 13.36%	标普500 3.00%	定期存款 2.25%	CPI 1.80%	沪深300 −7.65%
2004年	原油 33.61%	标普500 8.99%	黄金 5.36%	CPI 3.90%	定期存款 2.25%	房价 −1.26%	企债指数 −4.09%	沪深300 −16.30%

如表5-5所示，资产在不同环境下表现各异，单一资产很难提供持续稳定的回报，而综合配置大类资产既可以提高收益率水平，又能平滑收益率波动。2015年的股票和汇率市场大幅波动，2016年年初股市熔断，2016年四季度至2017年债券市场利率大幅攀升，2018年股票市场大幅下跌。2017年股强债弱，2018年债强股弱，如果投资组合在2017年多配一些股票，在2018年多配一些债券，两年下来的累计收益率应该能跑赢绝大部分的股票基金或者债券基金，这就是资产配置对组合收益率的贡献。

有研究表明，投资收益率有90%依赖于资产配置策略，资产配置策略对于大规模资金来说尤为重要。近几十年来，全球大型资管机构和主动基金越来越重视资产配置相关的研究和投资实践，很多投资策略甚至只在资产配置上做决策，而把底层资产的选择交给指数基金或者行业基金来完成。

资产配置不仅是为了追求更高的收益，也是为了控制回撤。因为一旦资产配置策略有比较大的波动性，人性的弱点就会被放大，很容易在投资组合出现大幅亏损时赎回大量投资，长期来看，这样做不一定会有很好的投资效果，这就是为什么大部分投资股票的投资者不能获得稳定收益的主要原因。

这里做一组对比试验，以证明利用资产配置控制投资组合回撤的有效性。A投资者在过去若干年投资中国A股市场，他坚持指数化投资，从2014年1月份到2019年12月份一直用全部资金购买沪深300ETF。图5-2所示是A投资者在过去近6年间的投资收益曲线。整体收益率高达81.13%，年化复合收益率为10.51%，夏普比例为0.42，最大回撤为−44.65%。单从绝对收益率和年化复合收益率来看，取得了不错的投资效果，但是此策略最大的问题就在于最大回撤控制得很差，剧烈的波动往往会超出很多投资者的心理承受范围，最终导致投资决策上的重大失误。

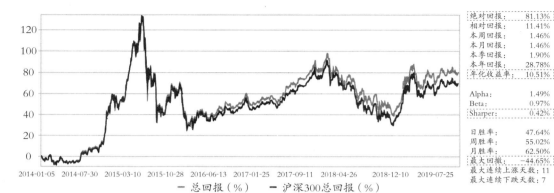

绝对回报:	81.13%
相对回报:	11.41%
本周回报:	1.46%
本月回报:	1.46%
本季回报:	1.90%
本年回报:	28.78%
年化收益率:	10.51%
Alpha:	1.49%
Beta:	0.97%
Sharper:	0.42%
日胜率:	47.64%
周胜率:	55.02%
月胜率:	62.50%
最大回撤:	-44.65%
最大连续上涨天数:	11
最大连续下跌天数:	7

— 总回报（%） — 沪深300总回报（%）

图5-2 A投资者沪深300ETF策略收益曲线图

数据来源：Wind。

　　A投资者的投资策略中，有不少待完善之处。首先，集中持有单一资产不利于有效地分散风险，并且单一资产全部为权益类资产，必然伴随有剧烈的波动，可以考虑适当配置债券类资产以平滑波动。其次，单一权益类资产仅投资于中国内地的资本市场，可考虑多市场的资产配置以分散风险。针对以上问题，可对A投资者的资产配置策略进行改进，如图5-3所示，权益类资产、债券类资产、美股市场纳指ETF、大宗商品黄金ETF以及优质个股均按照一定权重布局在投资组合中。

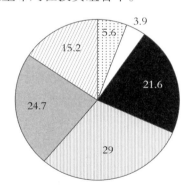

沪深300ETF □ 中正500ETF ■ 国债ETF 纳指ETF ▨ 黄金ETF 招商银行

图5-3 A投资者投资策略改动后的投资组合分布

数据来源：Wind。

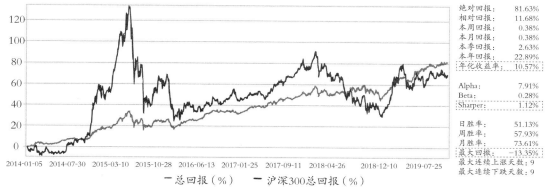

绝对回报：	81.63%
相对回报：	11.68%
本周回报：	0.38%
本月回报：	0.38%
本季回报：	2.63%
本年回报：	22.89%
年化收益率：	10.57%
Alpha：	7.91%
Beta：	0.28%
Sharper：	1.12%
日胜率：	51.13%
周胜率：	57.93%
月胜率：	73.61%
最大回撤：	−13.35%
最大连续上涨天数：9	
最大连续下跌天数：9	

── 总回报（%）   ── 沪深300总回报（%）

图5-4　A投资者投资策略改动后的收益曲线图

图5-4所示是A投资者在投资策略改动后近6年间的收益情况。整体收益率高达81.61%，年化复合收益率为10.57%，从回报率角度来讲略优于改动前的策略。改动后，夏普比例由0.42增加至1.12，最大回撤由−44.65%缩小至−13.35%。此策略在得到一个不错收益率的前提之下，还解决了此前策略中最大回撤过大的问题。这就是资产配置相对于集中持有单一资产投资的优势所在。

二、资产配置的一般步骤

资产配置的方案因人而异，需要结合资金规模、产品购买门槛、流动性要求、个人风险承受能力综合考虑。某一资产配置策略可能在某一时点适合A，但不适合B。虽然说没有一劳永逸的资产配置方案，但是有一些通用的步骤可供参考。

（一）明确自我定位，确立目标

资产配置的第一步，是在基于对自己财务情况、所处家庭生命周期充分了解的情况下，明确设定理财收益率目标。理财目标只有合理且具备可操作性，才有可能达成。一般而言，资产配置的目的是跑赢通货膨胀实现保值，然后是跟上资本市场的整体收益水平实现增值。

表5-6　2003—2018年各大类投资品收益率与通货膨胀率

名称	CPI口径通货膨胀率	总体通货膨胀率	沪深300	企业债
总增长率	50%	260.8%	763%	226%
年均增长率	2.58%	6.18%	13.54%	5.22%

资料来源：Wind。

其中总体通货膨胀率是货币增长率超过国内生产总值增长率的部分，要实现保值，年收益率至少达到6.18%，如果要跟上资本市场整体收益率水平，年收益率要达到13.54%。不过，投资者也不能想着自己能够赚到最后一个铜板，能够在15年时间实现年化10%的年均收益率也是相当不错的投资成绩。

（二）结合自身能力圈，分析市场行情

巴菲特投资事业的伙伴查理·芒格曾提出了"能力圈"概念："每个人都有他的能力圈，要扩大那个能力圈非常困难。"查理·芒格从来都不选择自己不了解的投资项目，而是坚持投资自己的能力圈。普通投资者更加需要明晰自身的能力圈，尽量不要接触不了解的投资品，而要选择自己足够熟悉的投资标的，构建投资组合。在建立投资组合前，一定要充分分析市场大背景。比如，投资组合中希望纳入股票，那就一定要判断股票市场估值目前处于什么水平。倘若股票市场估值处于历史低位，那么股票的权重就可以适当增加；反之则减少。

（三）选择投资标的

确立好投资框架后，就要选择投资标的。比如，当确定好股票的权重后，就需要从资本市场上数千只股票中去选择，这并不是一件容易的事情。表现最好的与表现最差的同类型股票的年化收益差别会非常大，这就要求投资者加强学习，不断扩展自身能力圈。

选择标的和分配比例时，还需要投资者对各种投资品的风险收益以及投资品之间的相互关系有相当的了解。一个50%股票和50%债券的组合实际上并不是均衡的，因为这个组合的波动主要受股票主导。在经济增长下行的时候，50%的债券是无法对冲50%股票的损失的。如果要达到风险均衡，大概需要12%的股票和88%的债券。由此也可以看

出资产配置是一项相当专业的工作，最底层的投资标的应尽量交给专业人士或者专业机构去选择。

（四）持续跟踪，调整策略

市场在不断变化，投资者的财务情况也在不断变化。因此，当资产配置策略开始执行后，投资者需要不断跟踪投资组合，研判其是否能达成预期设立的目标，如果能，就继续执行；如果不能，就要及时调整资产配置策略。

📖相关链接

洛克菲勒家族的资产配置

从洛克菲勒家族神话的创始人约翰·D.洛克菲勒算起，这个美国首屈一指的财富家族已经繁盛了6代，至今在美国仍有着举足轻重的地位。

19世纪中期，洛克菲勒家族从石油业起家。到19世纪末时，他们已经开始进行家族的资产配置。

洛克菲勒家族的资产配置分为三个方向：

1.洛克菲勒捐赠基金。用于经营全球慈善事业，专注于教育、健康、农村扶贫等。基金风格非常低调，但是其捐赠时间跨度之长、规模之大和成就之广泛和显著，可以当之无愧地执美国乃至全世界慈善事业之牛耳。

2.洛克菲勒大学。洛克菲勒大学拥有世界著名的生物医学教育研究中心，在医学、化学领域培养了24位诺贝尔奖获得者，是世界上在生物医学领域拥有诺贝尔奖最多的机构。

3.洛克菲勒家族基金。该基金最早只管理洛克菲勒本家族的资产，但是经过几代人后，本家族的资产逐渐稀释。目前已经变成一个开放式的家族办公室，借助洛克菲勒的品牌与资产管理经验，为多家富豪家族共同管理资产。这也反映了美国家族基金逐步专业化的发展趋势。最初，大多数家族基金由家族成员管理投资，但随着金融市场的发展，投资管理的复杂程度超出了家族成员的能力范畴，回报率波动越来越剧烈，最终在全球经济危机中承受了巨大的损失。至今，大约75%的家族基金都使用第三方专业投资机构进行投资管理。

三、资产配置的实例

（一）积极型投资者的家庭资产配置案例

　　章先生现年30岁，新婚，刚购买了住宅，妻子已怀有双胞胎，预计章先生65岁退休。章先生家庭的财务状况如表5-7、表5-8所示。

表5-7　章先生家庭的财务状况

现金流	金额/万元	说明	资产负债	金额/万元	说明
年家庭收入	40	税后收入	活期存款	5	
年生活支出	10	夫妻两人	国内股票	20	目前市值
年房贷本息	14	利率5%	信托产品	100	利率10%，5年后一次还本付息
年收支余额	16		自用房产 房贷负债	300 180	
			净值	245	资产-负债

表5-8　章先生家庭的财务状况

目标项目	几年后/年	届时需求额/万元	说明
抚养子女	0	6	6万元为年抚养费，共18年，共计108万元，以年收支结余支付
换房	5	580	假设房价增长率为3%，届时需求额＝$500 \times 1.03^5 \approx 580$（万元）
高等教育金	20	180	假设学费增长率为3%，届时需求额＝$100 \times 1.03^{20} \approx 180$（万元）
夫妻退休金	35	675	假设通货膨胀率为3%，届时需求额＝$12 \times 1.03^{35} \times 20 \approx 675$（万元）

　　目前，夫妻二人的生活费每年10万元，双胞胎出生后，一家4口的年生活费增加6万元。章先生65岁退休后，夫妻生活费假设每年12万元（假设退休金投资报酬率与退休后支出增长率相同）。18年后，要为每个孩子准备高等教育金现值50万元，共100万元。换房时出售旧房，旧房未增值。退休前未考虑理财目标的净现金流与子女抚养费用不变。目前没有保险，规划中应安排基本的保险保障额度及保费预算。依目前的资产检视理财

目标完成的可能性，可对章先生的家庭做资产配置，见表5-9。

表5-9 章先生的家庭资产配置计划

配置目标	几年后/年	累计额/万元	配置资产	配置金额/万元	说明（资金来源）
保费	0	330	定期保险＋意外保险＋大病医疗	4	为每年配置金额，以目前年收支余额支付
子女抚养费	0		支付18年	6	为每年配置金额，以目前收支余额支付
紧急预备金	0	5	活期存款	5	该配置全额为年支出10万元的一半
换房首付款	5	150	旧房目前净值	120	出售旧房，5年房贷还30万元，120＋30＝150（万元）
换房首付款	5	150	5年期信托	100	收益率为10%，单利计算，100×（1＋10%×5）＝150（万元）
换房首付款	5	35	报酬率为8%的混合基金定投	6	为每年配置金额，剩余年收支余额 $PMT=60000$，$I=8\%$，$n=5$，$FV=350000$

基本保障＝5年生活费50万元＋房贷额＋教育金现值＝50＋180＋100＝330万元，夫妻按收入比例分摊。投保至65岁满期定期寿险附加意外险、大病险、住院医疗险，以年收入的10%，年交保费预算4万元配置。

1. 资产配置结果：维持目前的资产配置，还要提高储蓄额做基金定投才可以实现所有的理财目标。换房首付款的资金来源为出售旧房、信托产品到期本息与5年内的收支结余，可达到359万元，但应注意信托产品的信用风险。整笔股票投资配置在子女教育金上。目前的资产与收支结余，可实现子女抚养、换房、交保费与部分子女教育金目标。

2. 储蓄配置结果：目前房贷本息每年支出14万元，换房时仍用来支付新屋房贷。但新房贷款245万元，以房贷利率5%计，20年贷款，每年要支出本息19.7万元，比14万元多出的部分（5.7万元）需要动用年收支结余。

新增的保费支出每年6万元，也动用到年现金流。以股票投资报酬率10%计算，子女教育金还要用到1.5万元，另外退休金也要用到每年2.5万元，才足以累积应有的准备金。目前，章先生的收支结余为16万元，而要实现所有理财目标，应有的年收支结余为21.7万元（包括抚养子女6万元、保费4万元、换房贷款5.7万元、子女教育金1.5万元、退休金2.5万元），还缺5.7万元。在5年后购房时，年收支结余必须提高到21.7万元，才能实现所有理财目标。25年后贷款还清时，还有10年才退休，此时子女教育与购房目标都已实现，若仍维持同样收支，结余可提高退休后生活水平。

3. 基金定投配置：准备5年后购房的基金定投，可投资混合型基金，将合理报酬率设定为8%；对于18年后的教育金与35年后的退休金目标，可投资股票型基金，将合理报酬率设定为10%。

（二）保守型投资者的家庭资产配置案例

黄先生现年48岁，已婚，只有一个儿子，现年8岁。黄先生目前的财务状况如表5-10所示。

表5-10　黄先生的财务状况

现金流	金额/万元	说明	资产负债	金额/万元	说明
家庭年收入	36	月收入3万元	存款	140	其中：活期存款15万元，定期存款125万元
年生活支出	15	每月生活支出1万元，年度旅游3万元	国内股票	18	目前市值
年收支余额	21		QDII基金	40	各类基金目前市值合计
交储蓄保费	10		储蓄险	80	现金价值（年交10万元，已交8年）
年净结余	11		房产	250	自住房产目前市值
			总资产	528	
			负债	0	
			净值	528	资产—负债

假设储蓄险的保费累积现金价值的利息刚好用来买附加的保障，即用利息买保障，黄先生40岁时买20年期储蓄险，年交10万元，保额为200万元。目前48岁，已交保费8

年，还要交12年。目前，一家三口生活费为每年15万元，退休后夫妻二人的生活费为每年10万元。

表5-11 黄先生的理财目标

目标项目	几年后/年	届时需求额/万元	说明
儿子出国留学	10	82	假设学费增长率为5%，则：届时需求额＝$50 \times 1.05^{10} \approx 82$（万元）
夫妻退休金	12	317	假设通货膨胀率为2%，则：届时需求额＝$10 \times 1.02^{12} \approx 317$（万元）

　　10年后，儿子到美国留学两年，要一次性准备一笔相当于50万元现值的教育金。打算60岁退休，退休时间按25年计算，退休金投资报酬率与通胀相抵。

　　依目前的资产检视理财目标完成的可能性，可对黄先生的家庭做资产配置，如表5-12所示。

表5-12 黄先生的资产配置计划

配置目标	几年后/年	累积额/万元	配置资产	配置金额/万元	说明
紧急预备金	0.5	7.5	活期存款	7.5	半年的生活支出，即 15/2＝7.5（万元）
儿子留学	10.0	82.0	定期存款（利率2%）	67.0	$67 \times 1.02^{10} = 82$
夫妻退休金	12.0	80.0	储蓄险现金价值	80.0	附加保障为主要考虑
	12.0	120.0	储蓄险保费	120.0	年交10万元，再交12年
	12.0	83.0	定期存款	65.5	剩余活期存款7.5万元转定期存款，$65.5 \times 1.02^{12} \approx 83$（万元）
	12.0	34.0	国内股票	18.0	报酬率5.5%即可达到
剩余资金	12.0	76.0	QDII基金	40.0	$40 \times 1.055^{12} \approx 76$（万元）
	12.0	180.0	年净结余做基金定投	11.0	每年，$PMT=110000$，$I=5.5\%$，$n=12$，$FV=180$

　　若黄先生的目标单一，则存款与储蓄险已可满足儿子出国留学及90%的退休金累积目标。目前的股票与基金累积额为58万元，多出剩余目标额34万元。即使把所有的股票

与基金皆卖掉转定期存款，还是可以满足所有目标，因此黄先生不必担心定期存款利率太低。若定期存款利率降为0，因为退休前仍有每年11万元的净结余足以弥补利息差额，因此可维持目前的投资组合。

若股票、QDII基金与每年额外储蓄定期定额皆以5.5%报酬率累积，可累积的退休金达256万元，每年可多支出的金额为10.2万元（256/25），黄先生夫妇可过上每年支出20.2万元的高水平退休生活。全盘了解目前的财务状况，及早确定未来目标需求，才能避免不必要的低利率恐惧症和不必要的风险与身心煎熬，度过快乐的下半生。

🌐 知识拓展

什么是风险平价理论？

风险平价理论，即通过均衡分配不同资产类别在组合风险中的贡献度，实现投资组合的风险结构优化。运用典范是美国桥水基金公司的"全天候"策略，桥水基金公司管理着全球最大的对冲基金，当前规模高达1690亿美元，其中"全天候"策略规模超过700亿美元。

"全天候"策略从成立至今，经历了数轮股票牛熊市，年化收益仍然接近10%，超同期标普500指数3.1个百分点，波动率仅为9%，是标普500指数的1/3。2008年金融危机期间，各类金融机构损失惨重，"全天候"策略却获得了正收益，远超其他策略。

🎓 复习思考

王先生今年32岁，在国企上班，王太太今年30岁，小学老师，儿子今年3岁，主要由奶奶看管。王先生婚前由父母全款购买一套两居室，一辆代步车。目前王先生家庭年收入约10万元，年结余3万元。由于王先生不了解投资理财，所以有钱基本都存银行，家庭现有现金2万元，活期存款20万元，定期存款20万元。

王先生希望儿子在18岁能够出国留学，预计需要费用150万元。王先生准备拿出现有总计42万元作为首期教育基金，未来每年再拿出3万元结余存入基金。请你提供一个中长期资产配置方案，帮助王先生实现目标。

第六单元
防范理财陷阱

单元提示

通过本单元的学习，我们将了解理财风险，识别身边的非法陷阱，并学会防范理财风险。

导语☞ 在大学阶段，我们在逐步向独立自主地管理自身生活和财产的社会人的身份转换着。当今大学生的理财意识逐年增强，越来越多的学生选择将自己节省下来的生活费、兼职/实习工资、奖学金、压岁钱等资金进行投资理财。近年来兴起的各式各样的互联网金融平台凭借便捷的投资方式、多样的投资产品和较高的预期收益，吸引了大量的大学生用户，但同时其中也蕴含着巨大的风险。在参与市场投资前，必须要先了解一下如何识别非法投资陷阱，理性防范投资风险。

第一节 常见的理财陷阱

一、非法理财平台

理财风险主要来源于平台和市场两方面。在当今的市场环境下，平台风险尤为突出。平台是否合法合规，直接关系着投资者的本金。

以P2P理财平台为例，自2014年底开始，每年都会出现P2P理财平台爆雷潮，其中不乏百亿级的大型平台，涉及投资者数百万。浙江杭州P2P平台在2020年6月底全部关闭。

以下通过案例及解析的形式，介绍一些常见的非法运营的类型及平台（以下案例来自"裁判文书网"，经过简要整理）。

案例一 非法集资/非法实体项目

2017年9月至10月间，李某在丹东市振兴区成立某某阿胶有限公司丹东分公司，并雇用崔某为该公司会计。二人谎称扩大山东某阿胶厂厂房，通过公司业务员在广场等公共场所发放传单并赠予礼品，以宣称用款三个月，到期后返本并付高额利息为诱饵，公开向社会募集资金，诱骗超过30人向该公司投资，骗取人民币共计889750元。

经过一审、二审，根据被告人李某、崔某的犯罪事实、性质、情节以及对社会的危害程度，法院作出如下判决：判处被告人李某有期徒刑9年1个月，并处罚金人民币10万元；判处被告人崔某有期徒刑7年2个月，并处罚金人民币6万元；责令被告人李某、崔某退赔其违法所得人民币889750元。

解析

非法实体集资，是指通过编造或夸大宣传某种实体投资项目，假借债券转让、投资返利等手段，向公众非法募集资金的诈骗行为。这类平台通常用"国资背景""政策支持"等噱头为项目增信。有些机构宣传的项目确实存在，但这类平台可能与这些机构没有任何投资关联或者收益率并没有所承诺的那样高，平台甚至编造出一些根本不存在的"高端项目"，投资者根本无从考证。

案例二 非法P2P理财

周某，中保投资公司法人，从2011年开始，他在公司的网站平台上，以虚构的34个借款人身份大量发布虚假标的，并宣称年收益率约20%，还有额外奖励的高额回报等，骗取投资人的资金。短短两年间，周某先后从来自全国多个省份的1586名不特定对象集资共计10亿余元，所募资金未进入公司账户，全部由周某个人掌控和支配。同时为了吸引更多投资者，中保投资平台内部之间不停地进行借款还款，以提高网站流量、为声称的项目增信。在被公安机关查处时，中保投资23.96亿元的成交额，实际借款人只有37个。所有集资款均未纳入公司进行财务核算，而主要以活期存款方式沉积在商业银行，主要用于归还前面投资人的本金，支付收益，购买房产、车辆及珠宝首饰等。

法院认为，被告人周某以非法占有为目的，使用诈骗方法非法集资，数额特别巨大，其行为触犯了《中华人民共和国刑法》第一百九十二条、第一百九十九条，犯罪事实清楚，证据确实、充分，应当以集资诈骗罪追究其刑事责任。

解析

合法的P2P机构应严格保证出款方与借款方的点对点结合，从中收取相应的手续费。由于行业门槛低、竞争激烈，手续费急剧下降，为了追求更高的利润，一些非法P2P机构先吸收存款再进行出借，或是伪造借款人信息吸收存款，目的均为在平台内形成资金池，从而达到挪用资金进行挥霍或投资等目的。

案例三 虚拟平台交易

2015年年初，余某上网购买了一款贵金属交易的第三方软件，该软件能够设定与天津贵金属交易所等正规平台类似的交易模式。通过该软件，余某相当于自己私设了一个交易中心（交易所）。以该贵金属交易软件为依托，余某将平台命名为"盛亚电子订货系统"。在盛亚平台内，可以根据余某的需要，设置贵金属、硅化木、原油、藏红花等各种物品的投资交易。

为避免暴露身份，余某不使用个人账户，而采用了第三方支付平台摩宝支付，使投资者误认为资金流入银行存管，然后花钱制作了虚假网站，包括公司官网等配套网页。同时余某对外宣称平台数据与国际、正规平台接轨，实时同步变动；资金托管第三方国有银行，安全有保障；T＋0双向买卖，24小时不间断交易，投资方便。但是，本质上盛亚平台采用的是做市商模式，投资者买对方向赚钱，余某就亏钱；反之，投资者买错方向亏钱，余某就赚钱。为了赚钱，余某要求公司操盘手罗某等人与下面代理商利用盛亚平台的后台操控功能，适时操控交易数据、行情走向。为了扩大盈利，盛亚平台还对外招募代理商，并与代理商约定，对客户亏损部分共同分赃，分赃比例维持在三七至二八之间。

2017年2月，江山市人民法院以诈骗罪判处余某、罗某等15名被告人有期徒刑14年至6个月不等的刑罚。

解析

虚拟交易平台，是指通过第三方软件或系统模仿正规交易模式搭建虚拟的商品交易平台，背后可能与真实行情挂钩，但更多情况是投资者所投入资金并没有真正购买标的，而是由后台计算机操作人员通过篡改数据达到控制行情的目的。前期也许让投资者盈利，当投资者放松警惕，投入更多资金，再通过反向控制行情，让投资者大幅亏损。还有一些交易平台完全属于诈骗性质，投资者投入资金后无论行情涨跌，都无法再提现。

二、非法证券期货活动

非法证券期货活动是指违反证券法、证券投资基金法、《期货交易管理条例》、《证券、期货投资咨询管理暂行办法》等法律法规的规定，未经证券监督管理部门和其他金融监管部门核准和批准，擅自从事证券发行、证券期货交易、证券期货投资咨询、证券期货委托理财、基金销售等业务的经营行为。

（一）主要类型

1. 非法发行股票。

未经证监会核准，擅自向不特定对象发行股票或向特定对象发行股票后股东累计超过200人的股票发行行为；未经证监会核准，公司股东以公开方式向社会公众转让股票，或向特定对象转让股票后致使公司股东累计超过200人的变相公开发行股票行为。

2. 非法经营证券期货业务。

非法证券期货咨询，是指有关机构或个人未经证监会批准，擅自向投资者或客户提供证券期货投资分析、预测或建议等直接或间接有偿服务的行为；非法证券期货委托理财，是指有关机构或个人未经金融监管部门批准，通过网络、电视、广播、报刊等公众媒体招揽客户，代理客户从事证券期货投资理财的经营活动；其他有关机构或个人擅自从事证监会未批准的非法股票承销、经纪（代理买卖）等证券期货业务的行为。

（二）主要表现形式

1. 以公司即将在境内外上市等虚假信息为名，诱骗社会公众购买所谓"原始股"，有的甚至瞄准即将发行上市的公司股票，宣称可以通过网下配售代理申购新股，诱骗投资者的钱财。

2. 通过广播、电视、报刊等媒体广告以及荐股博客、收费QQ等网络渠道，或利用收费炒股软件、私募基金信息等形式进行非法证券投资咨询，收取高额费用。

3. 以证券期货投资理财为名，以高额回报为诱饵，采取保底承诺、利润分成等形式代客理财，诈骗投资者钱财。

4. 以境外证券期货代理的名义，用低手续费、低保证金等手段招揽客户，非法代理境外证券和期货（商品、外汇、黄金、香港恒生指数等期货品种）的经纪、咨询活动。

5. 以证券投资为名，伪造相关公司证件和证明材料，或仿冒正规金融公司网站，诈骗投资者钱财。

6. 以"现货商品交易"的名义变相组织期货类商品活动。

各类"陷阱"层出不穷，以下主要介绍两个案例：

案例一 非法荐股

2010年3月起，以田某某、刘某某为首的犯罪团伙先后在多个城市注册成立"某某网络科技有限公司"等9家公司，招聘员工超过200人，以销售炒股软件为幌子，通过QQ群、飞信等聊天工具，大量发布股票交割单电脑截图等虚假信息，以推荐牛股、提供内幕信息、与私募基金合作获取高额收益为诱饵，向投资者非法荐股，从事非法证券投资咨询活动，骗取全国各地投资者钱财。

2013年5月，经过周密调查，当地证监局联合公安机关一举查处某某网络科技有限公司等5家非法证券投资咨询机构，抓捕18名犯罪嫌疑人。

2014年6月19日，当地人民法院对某某网络科技有限公司非法经营案进行判决，分别判决田某某、刘某某等15人非法经营罪，判处有期徒刑1年3个月至2年，并处罚金2万元至50万元。

案例二 借口会员升级骗钱

于某3个月前交了5000元会费，成了某投资咨询公司的会员。3个月来，于某所购买的由该公司"高老师"推荐的股票均处于亏损被套的状态，于某非常气愤。一日，于某接到该公司售后回访的电话，于是投诉了该情况。回访人员称公司所推荐的股票都是涨停股票，对于某亏损的情况一定会彻查清楚，给于某一个说法。两天后，于某接到自称为"白总监"的电话，称高某违反公司规定已经被开除，为了弥补于某的损失，公司以优惠的价格将于某升级为高级会员，只要再缴纳8000元就能享受到38888元高级会员的待遇，由其亲自指导炒股，保证能获取50%以上的收益。为了挽回之前的损失，于某又给该公司汇去了8000元，原本以为可以挽回亏损，可是"白总监"却一直没有给他推荐任何股票，打电话也没人接听了。于某这才明白过来，原来自己被一骗再骗，掉进了非法投资咨询机构的陷阱。

（三）参与后果

投资者如存在召集其他人员参加的行为，涉嫌集资诈骗和非法吸收公众存款，依法应追究其刑事责任。

投资者没有召集其他人员参加，属于受害者，没有法律责任，但参与非法活动的钱不受法律保护。相关部门会尽最大可能追回非法活动款项，如果不能清退活动款，参与人需自行承担损失。

📖 相关链接

关于"风险自担"

2017年8月24日，国务院法制办发布《处置非法集资条例（征求意见稿）》公开征求意见，总则第四条明确规定：非法集资参与人应当自行承担因参与非法集资受到的损失。（本条例所称非法集资参与人，是指为非法集资投入资金的单位和个人）

2018年3月14日，《国务院2018年立法工作计划》中明确将处置非法集资条例（银监会起草）加入工作计划，保护投资者的同时也是在告诫投资者，虽然当地政府和监管部门会共同负责帮助受害者进行维权申诉，但无法保证完全讨回受骗钱款。投资者需加强防范意识，提高识别能力，为自己的资产负责，自行承担一切风险。

（四）解决方案

被害人可向行为发生地的地方政府、证券监管部门、工商部门、公安机关等单位和部门投诉举报或报案，并妥善保管好合同、汇款单、银行流水等凭证以及通话短信记录、交易记录等材料，协助查处非法证券期货活动，维护自身合法权益。

根据《最高人民法院、最高人民检察院、公安部、中国证监会关于整治非法证券活动有关问题的通知》有关规定，如果非法证券活动构成犯罪，被害人应当通过公安、司法机关追赃程序追偿；如果非法证券活动仅是一般违法行为而没有构成犯罪，被害人符合民事诉讼法规定的起诉条件的，可以通过民事诉讼程序请求赔偿。

第二节　风险防范措施

一、识别非法机构——五"看"

（一）业务资质

许多非法机构假借正规理财产品的名号进行敛财活动，但实际上并无相应的业务资质。比如一些虚拟货币交易平台将注册地、服务器等转移到境外，目的就是为了逃脱监管，其经营本质上仍为非法经营。

例如，互联网金融公司业务资质合规的基本三要素是：拥有ICP经营许可证、上线银行存管、通过公安部三级等保测评。

再如，私募投资基金应符合如下特点：基金管理人在中国证券投资基金业协会登记；基金在基金业协会备案；向合格投资者募集，合格投资者投资于单只私募基金的金额不低于100万元，且符合相应的资产或收入条件；不得承诺保本保收益。

（二）营销方式

合法的金融机构在宣传推介业务时，要遵守证券法律法规有关投资者适当性管理的要求，一般会采用谨慎用语，不会夸大宣传、虚假宣传，同时还会按要求充分提示业务风险。不法分子利用部分投资者期望一夜暴富或急于扭亏的心理，采用夸张、煽动或吸引眼球的宣传用语，往往自称"老师""股神"，用"跟买即涨停""推荐黑马""提供内幕信息""包赚不赔""保证上市""专家一对一贴身指导""对接私募"等说法吸引投资者。

（三）产品信息

任何投资理财都会有风险，所谓"无风险、高回报"的产品，都是骗局。任何投资理财产品收益的来源都是其背后有实质的投资项目，如果某产品平台上没有实质投资项目说明书，或者无法查实，投资前就一定要看清楚有无介绍资金流向，投资标的是否清楚，实质注册项目公司目前是否真的在运营该项目，公司经营情况是否正常，完成项目收益状况如何等信息。

很多诈骗机构的产品其实是空壳，背后并没有实际的投资标的。非法实体集资往往编造投资项目，但实际无从考证，所谓"内幕关系、负责人、机密"等都是常见的噱头，真正有高收益的优质投资项目并不会私下面向公众集资。

（四）汇款账号

合法证券经营机构只能以公司名义对外开展业务，也只能以公司的名义开立银行账户，不会用个人账户或非本机构账户收款。

非法证券活动的目的是骗取投资者钱财，不法分子往往会采取各种推销手段，如打折、优惠、频繁催款、制造紧迫感等方式，催促投资者尽快将资金打入由其控制的银行账户，甚至有平台假冒银行员工，挪用用户的账户资产。

目前证券公司严禁从业人员从事违规代客理财活动，银行本身及其工作人员的职责范围亦不包括直接操作客户账户资金，任何形式的代为投资者操作账户，均视为违规行为，会受到相应处罚。

（五）互联网网址

非法证券网站的网址往往由无特殊意义的字母和数字构成，或在合法证券经营机构网址的基础上变换或增加字母和数字。投资者可通过中国证监会网站或中国证券业协会网站查看合法证券经营机构的网址，也可通过天眼查等平台查询公司资质，或查询网站的注册信息。

制作虚假网站成本低、风险小，所以许多非法机构会选择模仿正规机构的官网页面，再通过广告营销等手段将网站提升到搜索引擎显示页面的前列，导致投资者分辨困难。投资者在网上进行资金交易前，一定要记得查看网站的注册信息是否为经过认证的合法金融机构。

二、防范方法——四"不"

（一）不轻受高息诱惑

褪去各类产品的伪装，非法理财平台本质都是以高利息、高回报来吸引用户。时刻记住"天上不会掉馅饼"，高收益所对应的一定是高风险。

（二）不盲从大众行为

许多投资者主动参与集资诈骗，原因是看到他人参与且获得了高额利润，于是纷纷加入，甚至借钱参与，这就是典型的盲目从众心理。投资者既没有考察被投资企业和项目的真实情况，也没有考虑自身的风险承受能力，往往容易造成不可挽回的后果。

（三）不盲信公司实力

非法理财机构为了吸引更多的用户，让用户能放心地投资，不惜花费巨资做广告、买头衔、搞宣传，打造"明星代言""当地政府支持""国外上市"等光鲜的"企业形象"，诱骗投资者。投资者对此需要认真考察，不要被外表所迷惑。

有些非法机构借助传销手段，往往采取夸大宣传的手段，不要轻信所谓保本、专家指导、已有投资者盈利多少等宣传，应对所谓国际化背景、T＋0交易、24小时实盘、银行托管等信息保持高度的戒备。任何宣传背后都应该有真实的公司实力作为保证，不要轻易相信这类公司的宣传信息。

（四）不迷信官方背景

在非法集资活动中，假借官员名义、编造官方背景往往更容易蛊惑投资者。切记，官员未必就代表官方，有官员参与并不等于就是合法融资活动。

非法理财的欺诈手段花样繁多，投资者一定要提高风险防范意识、提升风险识别能力，与正规金融机构打交道，选择正规金融机构购买理财产品。

⚛ 知识拓展 ···

1. 什么是做市商制度？

做市商制度是一种市场交易制度，由具备一定实力和信誉的法人充当做市商，不断地向投资者提供买卖价格，并按其提供的价格接受投资者的买卖要求，以其自有资金和证券与投资者进行交易，从而为市场提供即时性和流动性，并通过买卖价差实现一定利润。

2. 风险关注点有哪些？

（1）收益率。广告中的收益率是年收益率还是累积收益率？是税前收益率还是实际收益率？产品是否代扣税？

（2）投资方向。理财产品募集到的资金将投放于哪个市场？具体投资于什么金融产品？这些决定了该产品本身风险的大小和收益率能否实现。

（3）流动性。大部分产品的流动性较低，客户一般不可提前终止合同，少部分产品可终止或可质押，但手续费或质押贷款利息较高。

（4）挂钩预期。如果是挂钩型产品，应分析所挂钩市场或产品的表现，挂钩方向与区间是否与市场预期相符、是否具有实现的可能。银行理财产品的预期收益率只是一个估计值，不是最终收益率。而且银行的口头宣传不代表合同内容，只有合同才是对理财产品最规范的约定。

🎓复习思考

校园贷也称校园网贷，是指一些网络贷款平台面向在校大学生开展的贷款业务。只要你是在校学生，网上提交资料、通过审核、支付一定手续费，就能轻松申请信用贷款。近年来，高利贷披上了"校园贷款"的外衣，将罪恶的魔爪伸向了纯洁的校园，很多学生因涉世未深，缺乏判断能力，便轻易陷入校园贷泥潭。结合本单元第一节提到的几个案例，谈谈该如何识别类似校园贷的理财陷阱，防范风险。

🐛实践拓展

邻居阿姨听说有一种高收益的理财产品，每个月可以收获20%～30%的回报，她准备把所有积蓄都拿出来买这种理财产品，还要拉着你父母一起购买，你应该怎样劝她呢？你觉得怎样才能帮助他们识别这种非法运营的平台？

第七单元
投资优质企业

单元提示

通过本单元的学习，我们可以了解投资优质企业的意义，并通过企业行业地位及企业的估值对企业的价值有一定了解。

导语 在投资中，选择很重要。小明和小刚是大学同学，两人都有很强的理财意识。小明对钢铁行业比较熟悉，他投资股票主要买的是钢铁股，而小刚对科技行业比较熟悉，所以买的都是科技股。几年下来，小刚的收益翻了两倍不止，而小明的投资收益仅仅比定期存款好一些。为什么小明和小刚的投资收益差距那么大呢？在投资的时候应该重点关注哪个方向呢？

第一节 投资优质企业的意义

一、长期投资优质企业的高回报

投资一家企业的股票，就是在买这家企业的股权，本质是想获取这家企业未来能创造的价值，股价只是一个企业未来价值的货币表现形式。所以，企业的经营业绩决定着股票投资者的收益。如果企业经营状况良好，利润不断增加，一是会增强企业的红利分配能力，投资者可以获取现金分红；二是可以增加企业的净资产和净利润，提高企业的内在价值，进而驱动股价上涨，投资者可以获得所投入资本的增值价值。反之，如果企业经营状况差，盈利下降，一方面会降低企业的分红能力；另一方面会导致企业的内在价值下降，进而引起股价下跌，投资者将会损失部分投入资本。

如果在投资中能找到一个经营业绩持续向好的优质公司，持续投资十年、二十年、三十年，通常会获得非常可观的复合收益。

以市场公认的优质企业贵州茅台、伊利股份、腾讯控股和苏泊尔为例，以2009年12月31日收盘价作为持仓成本，持有至2019年12月31日，我们会发现，即使有些年份收益有所回撤，但十年下来，这些股票的收益长期趋势总体是向上的，而且持有时间越长，收益越可观。10年间，贵州茅台收益翻了10倍，伊利股份和苏泊尔收益均翻了约7倍，腾讯控股翻了约11倍。可以说，在优质企业身上，时间就是价值得到了充分的演绎。

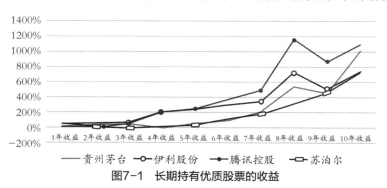

图7-1 长期持有优质股票的收益

数据来源：Wind。

　　反之，如果企业业绩不稳定或者经营情况持续恶化，即使持有时间再长，可能也无法获得良好的收益，甚至可能产生大幅的亏损。以A和B两家企业从2009年12月31日持有至2019年12月31日的投资收益为例，可以看到持有股票时间越长，亏损越多，即使偶有年份收益好转，但总体收益是一路往下走的。10年间，持有B企业股票亏损78%，持有A企业股票亏损46%。

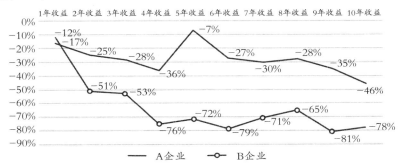

图7-2　长期持有A企业和B企业股票的收益

数据来源：Wind。

二、企业和投资者的共赢

　　投资优质企业股票对于企业和投资者来说是一件共赢的事情。

　　对于投资者来说，通过购买优质企业的股票，获取企业的股权，可以分享企业发展的红利，手中闲置的资金得到了充分利用。

　　对于优质企业而言，通过发行股票，可以获得支持其发展的资金，而且这些资金不需付利息，也不用在规定期限内偿还，不会增加自身的债务压力。

第二节　优质企业的判断标准

一、行业的景气度

俗话说，大池塘中才容易养大鱼。企业就像池塘中的鱼，其所处的行业就像池塘，只有池塘够大、水够多，才可能养出肥硕的大鱼。

首先，行业的未来空间要非常大，这样企业的成长空间才会比较大。有些龙头企业尽管具备很强的竞争优势，但由于其所属的行业空间已经不大，所以经营上稍有不慎就容易导致致命风险。而有些企业所属的行业的未来空间很大，企业稍加努力就可能会创造出较高的资本回报率。

其次，朝阳行业的景气度更高，且持续的时间跨度也比较大，其间更容易孕育出优质企业。

从上市公司情况看，沪深两市3561家公司，从股票上市首日算起，截至2018年年底，共有118家公司走出了10倍的涨幅。

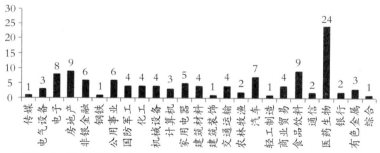

图7-3　沪深两市上市日到2018年涨幅超过10倍个股行业分布情况

数据来源：Wind。

观察这118家公司的行业分布，能很明显地发现，有些行业很容易出现带给投资者丰厚回报的优秀公司，如医药生物行业出现10倍牛股的概率远远大于其他行业。类似钢铁、建筑装饰、农林牧渔等行业很难出现表现持续优异的公司，由此可以看出行业景气度对投资结果的重大影响。

一般情况下，影响行业景气度的因素主要有技术进步、政府干预、消费习惯改变等。

（一）技术进步

一个新技术、新发明的出现往往会改变一个行业，这个改变可以使一个行业更上一层楼，也可以使一个行业逐渐走向衰亡。比如，电灯发明以后，大众照明不再使用蜡烛，从而导致蜡烛行业逐渐衰落。再比如，高铁的发明及在国内的大范围运用，使得人们的出行变得越来越方便，原来选择坐汽车或飞机的旅客更多地开始选择高铁，铁路客运行业的发展更上一层楼。目前，人工智能、生物技术、航空航天等新技术正在蓬勃发展，对各行业的影响是极为深远的。充分了解各种行业技术发展的状况和趋势，对投资者来说是至关重要的。

（二）政府干预

自古以来，政府的干预往往影响着众多行业的变迁。比如，随着全球能源危机和环境污染问题日益突出，全社会高度重视节能、环保相关行业，发展新能源汽车已成为全球共识。世界各国纷纷加大对新能源汽车的政策支持力度，通过制定发展规划、给予补贴，甚至明确燃油车退出时间表等措施，推动新能源汽车产业的发展。我国在2001年将新能源汽车列为国家"十五"期间的"863"重大科技项目。2008年奥运会时，北京推出了500多辆新能源汽车，往返于鸟巢、水立方、奥运村之间。2009年，国家科技部、财政部、发改委、工信部四部委联合启动"十城千辆节能与新能源汽车示范推广应用工程"，提出通过提供财政补贴，计划用3年左右的时间，每年发展10个城市，每个城市推出1000辆新能源汽车开展示范运行。2010年，财政部决定对新能源汽车进行购买补贴，新能源汽车进入全面政策扶持期。正是由于政府政策的大力扶持，新能源车行业迎来了快速发展期。

（三）消费习惯改变

随着社会的发展，民众经济收入水平和受教育水平的提高，大众的很多消费习惯会发生变化，进而影响对应行业的兴衰。比如，近年来，国民的发胖率开始提升，国内掀起了健身潮，健身行业迅速兴起。

二、企业的行业地位

运用波特五力分析模型，可以帮助我们了解企业在该行业中的地位，进而明确这家企业是否值得投资。

波特五力分析模型是美国哈佛商学院教授迈克尔·波特于20世纪80年代初提出的，可以有效地分析公司的竞争环境。五力分别是：供应商的讨价还价能力、购买者的讨价还价能力、潜在竞争者进入的能力、替代品的替代能力、行业内竞争者现在的竞争能力。

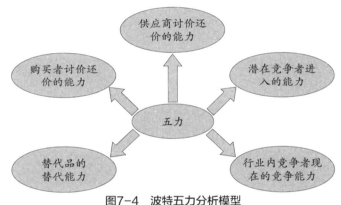

图7-4　波特五力分析模型

以下以A股市场上的涪陵榨菜为例进行五力分析。涪陵榨菜公司的主营业务是榨菜，以2017年销售结构为例，主力产品榨菜占比75%左右，新品脆口榨菜占9%，收购的惠通泡菜占8%，其他佐餐开胃菜（海带丝、萝卜等）占7%左右。该公司也是榨菜行业目前仅有的一家在A股上市的公司。

1. 对上游供应商的议价能力。

榨菜的主要原料是青菜头，其中重庆涪陵地区种植面积最大（占60%）且青菜头品质最高。刚收割的青菜头属于生鲜类产品，运输成本较高，这就决定了榨菜企业必须围绕青菜头产地开展布局，降低成本。涪陵榨菜一家的需求量占整个涪陵区供应量的30%以上，上游是零散的农户，所以公司对上游的掌控能力较强。

2. 对下游消费者的议价能力。

佐餐行业下游消费者较为分散，消费者对价格敏感度较低，公司的历次成功提价也证明了这一点。受消费升级影响，消费者在购买食品时愿意花较高的价钱购买知名品牌的商品，因此公司对下游的议价权也较强。

3. 竞争格局。

榨菜行业市场份额前五的公司在 2017年已经占据榨菜市场69%的份额，市场竞争格局较好。截至2017年末，该公司的乌江牌榨菜市场份额达到29.7%，较第二名鱼泉榨菜的12.6%高出1倍以上，行业龙头优势明显，行业话语权较高。

4. 潜在进入者。

生产榨菜的技术含量不高，行业进入门槛很低，但生产原料青菜头属于区域性种植，运输成本高和青菜头易腐烂等问题限制了青菜头产地外的榨菜加工企业的发展，因此原料构建了一定的行业进入壁垒。但从整体看，进入门槛还是不高，潜在进入者能够很容易进入该行业，与公司竞争。

5. 替代品。

单纯榨菜的替代品有很多，如泡菜、橄榄菜等，但人们长久的饮食消费习惯不会突然改变。尽管如此，该公司也在积极拓展其他酱腌菜品类，开发了海带丝、萝卜干等新品，从单一的榨菜产品向大品类的佐餐调味品发展，在减少被替代风险的同时，也拓宽了公司的发展空间。

综合来看，公司对上下游均有议价权，品牌竞争力强，被替代风险较小，市场份额位居行业第一且仍有一定提升空间。虽然榨菜行业的进入门槛比较低，但由于原料的运输和保鲜问题，对其他地区企业也形成了一定的进入壁垒。经过五力分析，可以认为涪陵榨菜是一家优秀的榨菜行业龙头公司。

三、企业的生命周期

就像人一生会经历幼年、青年、中年、老年四个时期，企业同样也存在着初创期、成长期、成熟期和衰退期几个阶段。在不同的周期，企业的价值和风险点也是不一样的。

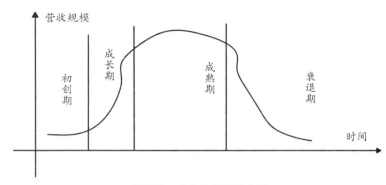

图7-5　企业生命周期曲线

　　初创期的企业往往诞生于创始人一个令人激动的想法中。初创期的企业由于创始团队人少，又相互信任，企业内部的沟通成本很低，但组织架构还不够完善，做事欠缺章法，且创始人往往是专制型的领导风格。同时，初创期的企业生产规模普遍较小，成品市场份额低，资金主要来源于创业者自身和风险资本。初创期的企业就像一个婴儿，一点风吹草动都可能要了企业的命。现金流断裂是初创期企业夭折的重要原因之一。以众所周知的阿里巴巴为例，公司于1999年成立，在马云的带领下，18位创始人共出资了50万元作为公司的启动资金，当年10月又从高盛、新加坡TDF等机构融到了500万美元资金。2000年，互联网泡沫破裂，无数网络公司纷纷倒下，阿里巴巴再次面临资金紧缺问题，急需找到新的融资渡过难关。马云来到日本，获得了日本软银集团2000万美元的投资。软银集团的资金到位没多久，美国科技股就崩盘了，许多电子商务公司在这波熊市中倒下，而阿里巴巴则凭借软银集团的2000万美元，有惊无险地挺过这场世纪风暴。可以说，如果当时马云没有融到资金，阿里巴巴很可能就夭折了。投资初创期的企业风险极高，成功率也很低，但一旦成功，往往会一本万利。

　　破除万难后，企业进入了成长期。这个时期，企业商业模式确立并得到市场认可，基本形成自己的产品系列，产品的市场份额稳步提高，市场竞争力也逐渐增强，盈利能力也开始上升。同时企业在行业中已经有了比较明确的市场定位，在不断保持、提升原有业务的同时，也会开始寻求新的利润增长点。企业经营管理模式逐渐得到完善，组织架构从扁平组织向层级组织发展，人才不断涌入。由于抗风险能力加大，企业从银行或债券市场融资变得相对容易。目前A股很多上市的科技公司就属于成长期的企业。投资成长期企业的风险相对较低，但因为企业处于高速成长期，市场给予的估值也较高，所以波动往往较大，但如果方向选准，收益也往往很可观。

经过产品的不断迭代升级、业绩的持续爆发和组织架构的不断调整，企业会慢慢进入成熟期。这时企业资金雄厚、技术先进、人才资源丰富、管理水平提高，具有较强的生存能力和竞争能力，能够有效地协调日常业务流程和配置资源。此时企业的融资渠道会更加多元化，现金流转也较顺畅，资产结构较为合理，业绩进入稳步增长阶段。这类企业的股价在二级市场表现往往比较平稳，所以投资风险相对较小，但是获取良好收益需要更多的时间。

随着企业的不断壮大，管理阶层可能会出现官僚主义等严重问题，产品市场份额逐渐下降，企业开始进入衰退期。对这个阶段的企业，银行信用贷款往往会收紧，企业融资能力下降，甚至可能会发生资金链断裂，导致企业死亡。进入衰退期的企业只有少部分能通过研发新品或大力改革重新焕发新机，大部分会逐渐走向死亡。投资时要尽量避免这类企业，因为一旦判断失误，损失会非常惨重。

第三节 企业的估值

一、成熟期企业估值

投资者常常会听到一句话："好企业还需要好价格。"一家企业再好，如果买入价格过高，投资者也很难获得较高收益。企业估值方法可以分为相对估值法和绝对估值法，以下重点介绍相对估值法。

相对估值法，又称为可比估值法，是指树立一个参照物来判断企业目前的价格是高估还是低估。参照物一般是同行业的其他企业或该企业的历史估值情况。参照物的选择直接决定了估值结果的准确度。常见的相对估值法包括市盈率估值法、市净率估值法、PEG估值法和市销率估值法等，分别适用于不同行业类型、不同生命周期阶段的企业。

由于初创型企业不具备经营历史，没有太多可供参考的财务数据和信息，且半途夭折的风险相对较大，因此对普通投资者而言很难评估其价值。

成熟期企业估值相对简单。由于成熟期企业的业绩增长相对稳健，利润率也相对稳定，所以可以采用市盈率估值法进行估值。市盈率的计算方法是每股股价除以每股收益，或用企业的总市值除以净利润。市盈率可以告诉投资者在假定企业利润不变的情况下，当利润全部用来分红派息时，需要多少年才能收回成本。比如，一家企业的市盈率是30，即假定该企业以后每年的净利润都不变，按照目前的价格买企业股票，投资者需要30年才能收回成本。

采用市盈率估值法时，一种是将该企业的市盈率和同行业中其他企业的市盈率做一个横向对比，观察目前该企业的估值在同行业中是属于高估还是低估；还有一种是将该企业目前的市盈率和它的历史市盈率相比较，得出该企业估值目前处于什么水平。在实际投资中，往往会两者结合使用。

以图7-7五粮液为例，其当前的市盈率与同行业其他企业相比，处于中等水平，既没有被高估也没有被过于低估。如果把五粮液当前的市盈率和它的历史市盈率作纵向比较，可发现五粮液目前处于历史偏高的水平。除非是在这个阶段发生了有利于其利润加速提升的因素，否则按五粮液历史市盈率来看，目前它是被高估的。

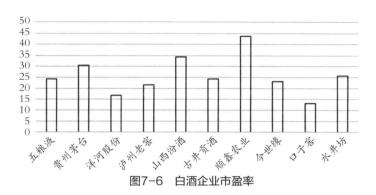

图7-6　白酒企业市盈率

数据来源：Wind。

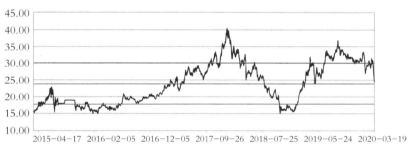

图7-7　五粮液估值分析

数据来源：Wind。

通过把五粮液市盈率在行业中进行横向比较和对其自身历史市盈率作纵向比较，可以得到结论，五粮液目前估值在行业中是偏合理的，但和自身历史市盈率比是偏高的。

市盈率估值法往往适用于以食品饮料为代表的消费类成熟企业。对金融行业及一些重资产行业的成熟期企业估值时，用市净率估值法会更为合适：金融企业的资产是以市场价标价的，也就是说其账面价值和实际价值非常接近；重资产行业中大部分企业拥有大量工厂、土地和存货等，资产清算时一般具备较大价值，同时也是这些企业的现金流来源。

市净率等于企业的市值除以企业的净资产，而企业的净资产又称所有者权益，是用企业的总资产减去总负债得来的。它用来衡量投资这家企业每股股权投资者所花费的金额比原始股东多还是少。比如，一家企业的市净率小于1，那就意味着投资者投资这家企业每股股权花费的金额比原始股东还要低。

二、成长期企业估值

从某种程度上说，成长性是决定一只股票市盈率高低的重要因素。成长性较高的企业理应享有较高的市盈率，成长性一般的企业市盈率则较低。但对处于成长期的企业而言，到底多高或者多低的市盈率才是合理的，很难有一个标准。所以需要有一个把市盈率和企业成长性结合起来的指标去衡量成长期公司的估值是否合理，这个指标就是PEG估值法。PEG估值法就是市盈率相对于盈利增长比率的比值方法，它的计算方法是用公司的市盈率除以公司未来3—5年的盈利复合增长率。比如某个上市企业2005年净利润为2亿元，到2008年净利润增长到16亿元，其3年盈利复合增长率就是（16/2）1/3 － 1＝81/3 － 1＝2 － 1＝100%。

PEG估值法把股票当前的估值和企业未来的成长性联系了起来，弥补了市盈率对企业动态成长性估计的不足。一般而言，PEG值越低，股价遭低估的可能性越大。股票估值是否合理往往以PEG值为1作为一个界线。当PEG值等于1时，说明市场赋予这只股票的估值可以充分反映企业未来业绩的成长性。如果PEG大于1，则说明这只股票的市盈率太高，存在被高估的可能性。而当PEG值小于1时，要么是市场低估了这家企业的价值，要么就是投资者高估了这家企业未来的成长性。比如一家企业未来3年的年化复合增长率是40%，当前市盈率是30，它的PEG值就是30/40＝0.75,可以认为这家企业估值是被低估的。计算PEG值的关键，是要对企业的业绩作出准确的预测，至少要对企业未来3年的业绩作出判断，而不能只用最近一年的盈利预测去计算，否则计算出来的结果只会误导投资者。在实际投资中，当所投资的成长企业PEG值小于或等于1时，在确定业绩成长性大概率不会比预期的差后，投资者就可以关注了。但是要注意，在熊市时因为市场情绪普遍悲观，所以最好在PEG值1以内就介入；而在牛市或者是该企业所处行业景气高时，可以给予一定的估值溢价，PEG值比1大一点时，也是可以关注的。

知识拓展

1. 企业的融资方式有很多种，最常用的是股票融资和债券融资，二者有什么区别？

（1）股票融资是指企业不通过金融机构，公开或者私下直接用企业所有权换取资金的融资方式。股票融资会稀释原来股东的所有者权益，但不会加大企业财务杠杆。

（2）债券融资是指需要资金的企业通过市场发行债券，用负债来换取资金的融资方式，企业需要每年支付债券持有者利息，并要到期归还本金。普通的债券融资会提高企业的负债率，加大企业的财务杠杆，一旦企业经营不善，无法按时还本付息，就存在违约被冻结资产或者清算的风险。

2. 我国上市企业是按照什么标准进行行业分类的？

我国上市企业官方的行业分类是中国证监会行业分类，而中国证监会是以我国上市企业的营业收入作为行业分类标准的。当企业某类收入的比重大于或者等于总营业收入的50%时，就将其划归到该业务所对应的行业；如果企业没有比重达到50%的业务，但某类业务的营收占比比其他业务的占比都高出30%，则将其划归到该类业务对应的行业；剩下的，归到综合类里面。按照这种方法，证监会把所有的上市企业分成了19个大门类，具体如下：

表7-1　中国证监会行业分类

农、林、牧、渔业
采矿业
制造业
电力、热力、燃气及水生产和供应业
建筑业
批发和零售业
交通运输、仓储和邮政业
住宿和餐饮业
信息传输、软件和信息技术服务业
金融业
房地产业
租赁和商务服务业
科学研究和技术服务业
水利、环境和公共设施管理业
居民服务、修理和其他服务业

续表

教育
卫生和社会工作
文化、体育和娱乐业
综合

资料来源：Choice。

复习思考

目前国内互联网社交领域基本形成腾讯、微博、今日头条等几大寡头垄断的格局，你认为目前这些公司都处于生命周期的哪个阶段？是否处在最佳投资期？

实践拓展

小军就读市场营销专业，明年就要从大学毕业了。目前，小军收到了两家公司的录用通知，一家是国内乳制品龙头企业，一家是未上市的科技公司（主营业务为研发可穿戴设备），工作岗位都是市场营销方向。如果是你，你会如何选择？

职业规划

通过本单元的学习，我们可以了解职业规划的原则，脚踏实地地规划好大学生活，找到理想与现实的平衡点；我们还可以了解金融业的从业状况、金融业常见岗位的基本素质要求和发展前景，对金融业几大重要领域建立基本认识。

导语 人工智能快速发展，逐步成为未来社会的基础设施，在为人们的生活工作带来便利的同时，也深刻影响着人类社会的运行秩序。很多现有的职业和岗位可能消失，同时也产生对新型人才的大量需求。即将走向工作岗位的大学生，如何面对这个充满未知的世界呢？如何选择一个适合自己、能发挥个人所长、又能为社会创造价值的工作呢？

创富人生

第一节 职业规划的原则

荷马史诗《奥德赛》中有句话令人印象深刻："没有比漫无目标的徘徊更令人无法忍受的事情。"有职业规划的人生叫行程，没有职业规划的人生叫闲逛。如何做职业规划？如何提升职业能力？

一、职业规划的原则

1. 择世所需：选择当今社会所需要的、有利于社会进步和造福大众的行业。

2. 择己所爱：选择自己喜欢或者最起码不讨厌的行业，这样才有热情不断投入精力，使自己获得成长。

3. 择己所长：选择自己能发挥自己专长的行业。假如所从事行业与所学专业不对口，应尽快在工作中自学成才。

二、职业生涯三阶段

一般把职业生涯分为三个阶段，分别持续大约12～15年，这三个阶段紧密相连，相辅相成。

（一）第一阶段：打好基础，建立个人品牌

第一阶段最重要的目标是为接下来的两个阶段打好基础。第一阶段，个人对世界充满了好奇，要逐步找到自己的专长和热情所在，选定职业方向，并利用一切时间储备可迁移技能、行业和岗位技巧，探索高效的工作经验，建立可靠的人际关系，成为某方面的专家。比如，如果觉得自己公开演讲的能力很差，就应该多参与相关课程学习公开演讲的技巧；如果觉得自己不善于关心他人的感受，就应该努力培养耐心倾听的能力；如果觉得自己的专业水平还不够，就应该恶补专业知识，考取相关的职业资格证书等。在第一阶段，学习比回报更重要，偶尔跌倒或失败并不可怕，只要能吸取教训并快速调整好状态，向着目标奔跑，一定能够逐渐建立个人品牌。

相关链接

我国对大学生职业生涯规划的关注

我国对大学生职业生涯规划的关注产生于20世纪初。1916年，清华大学校长周寄梅先生率先在清华大学引入了"生涯规划"相关的课程辅导。1993年，中共中央、国务院颁布了《中国教育改革和发展纲要》，明确提出大学生"自主择业"要求，就业指导、生涯规划问题开始引起学者的关注。2000年10月，由北京市学联发起，北京大学、清华大学、中国人民大学等8所高校组织开展的"2000年大学生生涯规划"活动，受到大学生的广泛认同。随后，国内许多高校逐渐开始增设就业指导和职业生涯规划课程。

（二）第二阶段：发挥长处，收获成果

有了第一阶段的积累，到了第二阶段，个人的主要目标是寻求自己的长处、爱好与社会需求之间的最大交集，尽量做到在岗位中脱颖而出，精通某个专业。

精通的秘方不外乎投入时间和精力。通常认为，人的业余时间多数花费在哪里，那么擅长点就将在哪里。在某项能力上花费10000小时将达到精通的状态，花上20000小时则能达到特定行业专家的状态。如果你经过刻苦训练拥有了绝佳的演讲口才，那么可以成为宣传者或者带头人，鼓舞团队的士气；如果你擅长协调和组织，那么可以带领团队高效承接其他人无法完成的复杂项目。总之，在第二阶段，个人要充分发挥优势力量，勇往直前，利用自己的经验技能、知识储备、人际关系等资源获得整个职业生涯将近80%的回报。

（三）保持余热，持续影响

第三阶段主要是从执行或领导的角色变成顾问或辅助角色，客观清晰地认清自己的优势，并紧跟时代的步伐管理自己的学习曲线，提供真正有深度、符合未来发展趋势的建议，持续为社会做出贡献。或者依据自己对某个行业的深刻理解，在经济和身体状况可行的情况下考虑自主创业。这个时期获得的回报可能比不上全盛时期的水准，但会为你带来其他强有力的回报：掌声、尊重、个人成就感和改变世界的满足感。

第二节　金融从业指导

一、金融业人才需求的现状

在很多人的认知中，金融业是个非常"高大上"的行业。大学金融专业的录取分数线一直名列前茅。从近年来整体就业情况看，金融专业的毕业生就业率相对较高。与其他专业相比，金融专业的应届毕业生就业率指数属于中等偏上。但细分之后发现，金融业不同岗位的工作内容和基本要求差别很大，以下对目前金融业人才需求状况作一简要介绍。

银行业针对应届生的岗位主要是基础服务类，如柜员或客服，招聘数量每年都在一万以上。工作内容一般为处理个人业务和对公业务，工作强度较大。银行基础服务类职位的门槛较低，同时一线城市增量需求减少，更多需求跟随网点布局下沉。毕业生要先做好基础岗位的专业性储备，经过不断轮岗积累经验，才有可能脱颖而出。

证券行业的需求与股市行情相关度较高，股市行情好的时候，证券行业的招聘需求就会增多。入职者需要通过证券从业资格考试。面向应届生的岗位主要是基础服务类，类似银行的柜员或客服岗位；还有理财咨询类，属于营销性质，主要工作内容是开发、维护客户关系，推广证券投资理财产品及业务；也有少量的投资顾问或分析师之类的岗位，主要工作是分析证券市场、证券价值及变动趋势，向投资者或机构发布研究报告。这类职位要求系统学习过证券分析、金融学、会计财务、审计等知识，且要求有良好的沟通表达能力和专业写作能力。

保险行业是一个完整的体系，包括产品开发、销售、核保、理赔、投资等多个环节。提供岗位包括销售类、后台类（如理赔、核保等运营类岗位），还有产品设计和精算师等岗位。

信托公司相对门槛较高，普遍更倾向于有经验的求职者，但每年也会有一些公司开放一定数量的应届生招聘名额，岗位集中在前台业务部门的信托经理助理，中后台的风控、法务、产品支持等。信托人员入行一般都要先从助理做起，然后按照信托经理、高级信托经理的路径晋升，之后可能做到总监级别并负责业务工作。由于近几年监管部门对信托公司的管理越来越规范，此前信托公司工作半年到1年就能获得晋升的情况将逐步得到控制，规范之后，每一级的晋升速度大约为2到3年。

投行公司的入职门槛非常高。以摩根士丹利为例，目前它在中国针对应届生的招聘主要面向北大、清华、复旦、交大等少数高校的研究生，并且要求必须从毕业前一年就开始在摩根士丹利实习。投行公司对人才的要求除了基本的专业技能之外，还非常看重沟通、团队合作、项目管理等能力和国际化视野。近几年，投行业务整体上已经脱离了暴利时代，需要找到新的盈利点，基本战略是向资产管理方面转型。这也意味着需要加强成本控制，薪资可能会受到冲击，招人需求也可能会降低。

基金风投类的公司更看重综合素质和实际操作的经验，因此面向应届生的招聘人数较少。基金风投行业要求从业者具有非常强的理解和学习技术、商业模式、商业逻辑的能力，因此在招聘应届生时大多希望求职者在本科期间具有理工科背景。

二、金融行业薪酬比较

通过分析A股上市公司员工的平均年薪可以发现，不同行业的薪酬水平会有明显的差距，银行、非银金融行业员工薪酬排名相对靠前，而农林牧渔、纺织服装、轻工制造等行业员工薪酬相对较低。

表8-1　2018年度各行业上市公司人均薪酬平均值（单位：万元）

行业名称	人均薪酬	行业名称	人均薪酬	行业名称	人均薪酬
农林牧渔	9.8	医药生物	12.4	机械设备	13.1
采掘	18.1	公用事业	16.2	国防军工	16.0
化工	12.5	交通运输	17.3	计算机	17.7
钢铁	15.2	房地产	23.3	传媒	21.2
有色金属	11.5	商业贸易	13.8	非银金融	36.7
电子	14.1	休闲服务	13.2	通信	14.0
汽车	12.8	银行	38.0	纺织服装	10.4
家用电器	11.2	综合	16.3	轻工制造	10.7
食品饮料	12.3	建筑材料	13.2	电气设备	12.8

数据来源：Choice数据。

那么，金融业中银行、证券、保险等行业的具体收入水平如何呢？还是以A股上市公司为例，展示2018年各家公司的人均薪酬水平，供参考。

银行：招商银行的薪资最高，五大行垫底。近年来上市银行的人均薪酬呈上涨趋势，2018年人均薪酬为38万。其中，招商银行以人均57.7万元遥遥领先，而排名前十的银行均为股份制银行和城商行，工商银行、农业银行、中国银行、建设银行、交通银行五大银行的人均薪酬则相对逊色。股份制银行的激励机制相对较为完善，因此薪资待遇相对较高，而国有大行的优势在于平台优势明显，客户质量较高，未来转型前景较为广阔。

表8-2　2018年度上市银行人均薪酬平均值（单位：万元）

银行名称	人均薪酬	银行名称	人均薪酬	银行名称	人均薪酬
招商银行	57.7	兴业银行	41.6	无锡银行	32.6
南京银行	48.0	长沙银行	38.0	贵阳银行	32.2
宁波银行	47.0	郑州银行	36.6	张家港行	30.7
苏农银行	46.9	成都银行	36.1	建设银行	29.6
杭州银行	46.7	江阴银行	35.4	青农银行	27.8
北京银行	46.6	青岛银行	34.6	中国银行	27.6
浦发银行	44.8	华夏银行	34.4	工商银行	26.9
中信银行	44.7	光大银行	33.3	农业银行	26.1
民生银行	44.4	交通银行	33.0	常熟银行	23.2
苏州银行	43.8	紫金银行	33.0		

数据来源：Wind。

券商：中信证券、华泰证券领头，行业分化明显。近年来，受资本市场行情波动影响，一些券商频频传出减薪的消息，不过从2018年的财务数据来看，券商人均薪酬达到36万元，仍然是当之无愧的高薪行业。从2018年年报来看，不同券商之间收入差距较大，排名第一的中信证券2018年人均薪酬近70万元，而排名靠后的券商如华林证券、中原证券等人均薪酬则刚过20万元。

表8-3　2018年度上市券商人均薪酬平均值（单位：万元）

券商名称	人均薪酬	券商名称	人均薪酬	券商名称	人均薪酬
中信证券	69.8	广发证券	39.1	国信证券	34.6
华泰证券	57.0	太平洋证券	38.8	光大证券	33.8
东方证券	54.9	国投资本	38.7	华创阳安	33.7
五矿资本	54.1	山西证券	38.4	浙商证券	30.8
国金证券	51.0	申万宏源	38.1	方正证券	29.9
国泰君安	48.5	长江证券	37.4	南京证券	28.6
西南证券	47.7	天风证券	37.0	国元证券	26.7
兴业证券	46.9	红塔证券	36.8	辽宁成大	26.1
中信建投	44.0	华鑫股份	36.3	第一创业	26.1
东兴证券	43.0	银河证券	36.3	国盛金控	25.9
东吴证券	42.7	西部证券	36.1	东方财富	23.0
锦龙股份	42.4	长城证券	36.0	中原证券	22.4
财通证券	39.9	东北证券	35.9	华安证券	21.8
招商证券	39.8	国海证券	35.8	华林证券	20.9

数据来源：Wind。

保险：据Wind数据显示，2018年保险行业的人均薪酬为20.39万元。相比银行、券商，保险行业的平均薪酬吸引力显得有些不足。但随着未来行业的发展和民众对保险的重新认识，保险行业的薪酬应该还有很大上升空间。

表8-4　2018年度上市保险公司人均薪酬平均值（单位：万元）

保险公司名称	人均薪酬	保险公司名称	人均薪酬
新华保险	22.9	中国太保	20.2
中国人寿	22.2	中国平安	17.7
中国人保	20.8		

数据来源：Wind。

三、财富管理转型与金融新人才

伴随着科技进步和经济全球化趋势，未来财富管理领域将呈现如下发展趋势，可以预测对金融人才的素质要求也将发生相应的变化。

（一）互联网金融崛起

随着金融科技的普及，传统职位将逐渐被AI取代，传统业务渠道将逐渐被互联网取代。但互联网金融的本质还是金融，涉及资产来源、法务、风控、资金清算等领域，都需要有专业金融背景的人才。互联网金融与传统金融最主要的区别在于交易地点、媒介和客源发生了变化。传统金融主要依靠门店获客，用户投资门槛较高，每个门店的服务半径和服务用户数量是一定的，因此想扩大规模就必须扩大门店的数量。但是在互联网端，投资不再受限于时间和空间，服务的边际成本和获客成本递减。

具体来说，互联网金融需要的人才一般分为四类："典型"的传统金融人才、金融产品研发人才、互联网技术人才和互联网运营推广人才。如果你是技术派，最好要懂得PC端研发、移动端研发、产品研发等；如果你是金融派，最好要懂得设计金融产品、金融建模、风控，以及如何进行大数据分析；如果你是运营派，除了懂得热点跟风外，还要对金融略懂一二，更要深谙互联网传播之道。

（二）金融市场国际化

随着世界经济一体化和我国金融市场不断深化对外开放，未来金融业人才缺口将主要集中在高端市场，具体岗位需求体现在金融分析师、金融风险管理师等综合类人才。

金融分析师（CFA）：在欧美等发达国家和地区，获得CFA资格几乎是进入投资领域从业的必要条件。CFA课程体系是全球公认的金融行业专业水平的"黄金标准"，持证人基本就职于国际知名投行、咨询公司、头部券商和基金公司，在业内表现出过硬的实力，具有极高的影响力和认可度。他们通常拥有严谨的金融知识体系，掌握金融投资行业各个核心领域理论与实践知识，包括从投资组合管理到金融资产评估，从衍生证券到固定收益证券以及定量分析；受过专业训练，特别是有投资评估、运营分析的经验；了解国际金融、投资管理和中国商品经济规律和法律法规；具备企业资源计划（ERP）系统相关经验，能熟练使用资料管理软件工具。目前国内顶级金融人才的年薪报价已在百万元以上，而一般中级人才在30万至50万元。我国800万金融从业人员中，约6000人拥有此资格，持证比例很低，处于极度供不应求的状态。

金融风险管理师（FRM）：随着金融市场的不断发展，风险也随之迸发，在管理层的施压与外资金融机构竞争的双重压力下，国内各金融行业内企业纷纷加强对金融风险的衡量与管理，提高对金融风险的防范与控制能力，掌握风险管理知识的专业人才受到企业热捧。作为全球最权威的金融风险管理认证，持有FRM证书的金融风险管理师具备基于全球标准客观度量风险的能力。

⊛ 知识拓展

什么是崔西定律？

任何工作的困难度与其执行步骤的数目平方成正比。例如，完成一件工作有3个执行步骤，则此工作的困难度是9，而完成另一工作有5个执行步骤，则此工作的困难度是25。所以必须要简化工作流程。

⊛ 复习思考

为什么要提倡工匠精神？年轻人应该如何在自己的岗位上践行工匠精神？

⊛ 实践拓展

1. 王先生具有研究生学历，已有5年工作经验，在一家大型公司做销售工作，一直以来业绩不错，其敬业的态度也获得了公司的认可。为更好地应对市场竞争，王先生所在的部门进行结构重整，销售模式也发生了相应改变。公司赋予销售人员更多的自主权，工作环境也更加复杂多变。王先生发现性格内向的自己无法处理那么多不确定的事情，他的压力越来越大，业绩也开始下滑，他开始怀疑自己不适合这份工作。请你分析一下他的判断是否准确。他应该如何突破瓶颈？

2. 你想要什么样的职业生涯？你拥有什么特长或技能？如何根据现有条件实现自己的目标？通过不断学习，能否获得其他技能以实现更高层次的理想？

创业之路

单元提示

通过本单元学习，我们将了解创业战略规划、创业需要考虑的重点因素、商业计划书的基本内容和创业融资的渠道。

导语 👉 1999年，有一群取着金庸武侠花名的创业者，"风清扬""虚竹""三丰""苗人凤""蓝凤凰"……他们的办公场地只是杭州湖畔花园小区一套150平方米的普通住宅。时至今日，这群创业者已经成了互联网企业界著名的"阿里巴巴十八罗汉"，旗下的产品淘宝、支付宝已经渗透14亿中国人生活的方方面面，一步一步实现"让天下没有难做的生意"的愿景。他们是如何走到今天的？

第一节　创业战略规划

一、可口可乐的创业设想

本书第二单元的"实践拓展"中提出了这样一个问题：格罗兹生活在1884年的亚特兰大。他愿意拿出200万美元来投资，成立一家生产非酒精饮料的企业"可口可乐"。格罗兹希望2034年可口可乐的市场价值能达到2万亿美元，为此他只保留50%股份，将剩下的50%股份送给能够帮助自己实现这个计划的人。如果你是格罗兹，你将如何实现这个计划？

这是一个典型的创业设想。在150年内创造一家新增价值达到2万亿美元的公司，这听起来是一件不可思议的事情。要实现这一目标，意味着在150年内，最初投资的200万美元要增长999999倍，平均年化收益率7.98%。假设企业按照1倍市盈率估值，每股价格等于每股收益，则企业150年间的每股收益年化增长率要达到7.98%，即每年净利润增速达到7.98%。每年7.98%的净利润增速并非不可实现，食品饮料行业的蒙牛、伊利公司基本上能达到这一水平，关键是如何让企业在保持增速的同时能够存活150年。

非酒精饮料面临的市场是否支持这一假设？ 2019年，全球人口约77亿，年均人口增长率1.7%。平均一个人每天要喝8瓶水，非酒精饮料具有水的功能，考虑不同人的口味偏好，假如能够让可口可乐抢占其中2瓶水，每天就是154亿瓶，一年是5.621万亿瓶。参考同行业20%的净利润率，如果一瓶可乐卖2元钱，从中赚0.4元钱，一年是2.2484万亿元，150年是337.26万亿元，而我们的目标2万亿美元（13.8万亿元）仅占4.09%。所以，假如能把这款非酒精饮料做成具有替代水功能的优质品种，并将其推向全球，2万亿美元的目标足以实现。

二、创业战略规划的重要性

以上只是参考查理·芒格在《关于现实思维的现实思考》中阐述的可口可乐创业经而编纂的一个小故事。如果没有创业规划，150年内实现增长199倍收益的目标就只能是个天方夜谭。有了创业战略规划，目标才有实现的可能性。

战略是宏观的思考、总体的定位，牵一发而动全身。著名的战略规划，如诸葛亮的隆中对，短短两三百字就讲清楚当时的环境、敌我双方的优劣、斗争的目标以及实现目标的内外路线，让刘备集团终于找到了清晰的斗争思路。

某一次战争如何打，是具体的问题，必须服从战略规划。如果与战略规划相违背，即使在局部的层面打了胜仗，也有可能后患无穷。比如，《隆中对》中的对外战略是"东连孙吴，北拒曹操"，而关羽违背这一战略，先东拒孙吴，后北战曹操，虽然在初期取得了水淹七军的胜利，但最终陷入两线作战，痛失战略要地。这就是局部斗争违背战略规划的后果。所以战略规划也是一面指引方向的旗帜，坚守战略规划，可避免企业在复杂的情况中偏离主线。

相关链接

大前研一的"专业主义"

大前研一是亚洲地区唯一一位进入全球前10位国际级管理大师排行榜的学者，他50多次飞临中国，对中国企业界的弊病有深刻的认识。

"中国的机会太多，以致很难有企业家专注于某个领域，并在该领域作出卓越的成绩。但是专注是赚钱唯一的途径。可口可乐专心做可乐，成为世界消费品领域的领先者；丰田专注于做汽车，成为日本利润最丰厚的公司。进入一个行业，先专业化，再全球化，这才是赚钱唯一的途径。"

"中国企业必须找到未来获利的来源。利润来自实力，而不仅仅是成本更低。在降低成本的同时，要努力做得更好。为了做得更好，你必须有自己的技术秘诀。否则，别人很容易模仿，竞争的结果就是被迫不断降价。"

三、创业战略规划的内容

创业战略规划必须要涉及的问题包括：选择生产什么样的产品或服务？有怎样的经营目标？市场容量是否足够支持经营目标？如何打造品牌？如何构建更广泛的销售网络？如何控制成本和收益？如何选择合作伙伴并与之分享收益？

总结起来，创业战略规划主要包括六个方面的内容：做什么（What）、为什么

（Why）、目标（Where）、谁来做（Who）、什么时机做（When）、怎么做（How）。

第一步是确定"做什么"，这一步要避免没有主线的多元化。做好做精一个产品需要耗费大量人力物力，而同时做多种不相关的产品，会导致"巨人病"，看似规模庞大，实则难有回报。比如某企业涉足房地产、文旅、陶瓷、能源、白酒、金融等行业，控股参股上百家公司，动辄投资上百亿元的项目，但这些行业投资周期普遍较长，且没有主线，各条产品线之间难以形成合力，没有一个行业内的龙头企业，一旦经济减速，上百亿的项目就会成为吸金的无底洞。所以"做什么"——选择产品和服务就是选择战略路线，一定要有主要赛道，集中力量解决社会生活的"痛点"，痛点越普遍、深刻、持久，企业的赛道就越长，即使是小赛道，也有大生意。另外还要结合创业团队的资源禀赋。如果是技术密集型行业，创业团队最好要有相关专利和技术人才；如果是资金密集型行业，创业团队需要有一定的资金话语权：总之，要有核心竞争力。

第二步是确定战略目标，比如150年内实现2万亿美元的收益就是一个战略目标。战略目标需要结合相关行业已有公司的行业数据估算后确定。

第三步是确定和谁来做，包括选择创业团队和招聘员工。对于创业团队的核心成员而言，合适的股权架构至关重要。好的股权架构能够激发合作者的积极性，力往一处使；股权架构失当则有可能导致公司控制权争夺战，或者导致公司发展底层动力不足。在招聘员工方面，要搭建好公司组织架构，明确职位分工，做好招聘计划和人力资源成本预算。特别是第一年，创业初期团队缺乏稳定性，每个月都要做好吸收新鲜血液的准备。

一般情况下，公司的股权类型有三种：有限公司、非公众股份公司、上市公司。有限公司股东人数不超过50人，股东之间关系密切，股权对外转让有一定限制。在非公众股份公司中，资本起着决定性作用，公司资本越雄厚，信用越好，股东个人的声望、信用与公司信用无关，股份转让没有限制。公司经营到一定程度，需要获得更大的发展空间，可能会上市。上市后，股票可以在交易所交易。上市公司的信息披露更为严格，公司的价值容易受到市场短期波动的影响。是否上市要根据企业的发展需要决定，不要为了上市而上市。

第四步是确定好实施战略的时间节点。不能落实到日程表的战略规划，没有压力，也就没有动力。

第五步是确定具体的执行方案，和团队成员沟通产品体系、定价、市场推广、盈利模式、开发周期、供应链等各方面具体的问题。

四、战略分析方法

在创业战略规划中，选择经营何种产品涉及的问题纷繁复杂，可以参考五力分析模型和SWTO分析法，以便理出清楚的头绪。

20世纪80年代初，美国哈佛大学商学院教授迈克尔·波特提出五力分析模型。五力分别是：供应商讨价还价的能力、购买者讨价还价的能力、潜在竞争者进入的能力、替代品的替代能力、行业内竞争者现在的竞争能力。一种可行的战略首先应该评价这五种力量的强弱，不同力量的特性和重要性因行业和公司的不同而变化。

SWTO分析法是20世纪80年代初美国旧金山大学教授海因茨·韦里克提出的战略分析方法。S代表 Strength（优势），W代表 Weakness（弱势），O代表 Opportunity（机会），T代表 Threat（威胁）。其中，S、W是内部因素，O、T是外部因素。战略应是一个企业"能够做的"（即组织的强项和弱项）和"可能做的"（即环境的机会和威胁）之间的有机组合。SWTO分析法也需要根据自身的既定内在条件找出企业的优势、劣势及核心竞争力之所在。

五力分析模型和SWTO分析法能够帮我们全面地评估即将进入的行业的情况以及自身的条件，市场、品牌、成本、收益等因素基本上可以在这两个模型中得到体现。当然这只是理论上的分析框架，至于理论分析能否成为正确的指导，还需要在创业中不断试错摸索。创业之前，最好有一定的工作经验，熟悉相关行业的主要参与者、盈利模式、市场容量，提升治理公司的能力，搭建合作伙伴圈。

第二节　商业计划书

一、商业计划书的撰写要点

商业计划书是企业撰写的向受众全面展示企业和项目的现状和未来发展潜力的书面材料，目的是招商融资。创业者要牢记，对于银行、贷款公司或者权益资本提供者而言，自己的计划书不过是众多计划书的一份。要得到投资人的认可，商业计划书必须要简明扼要、合乎逻辑、真实可信、用数据说话。

冗杂烦琐的计划书很有可能会被投资者束之高阁，所以计划书一定要简明扼要，直击要害，避免婉转深奥的描述，避免将太多的想法揉入一个句子中，要保持语句前后逻辑贯通，在合适的地方绘制能清晰明确表达重要观点的图表。

按照逻辑顺序展现的事实与想法更容易被接受。计划书要避免无关紧要的段落，并确保在一个标题下说的话与标题相吻合，不要文不对题或者与在其他地方所说的自相矛盾。

投资者大多精于计算，喜欢用数字思考。计划书必须展现详细的数据支撑，否则将缺乏说服力。文字要尽可能量化，但要避免夸张的说辞，使计划书真实可信。

二、商业计划书的内容

商业计划书的目录至关重要，投资者会首先看目录以快速了解全书内容。目录中列示的标题要层次分明，合乎逻辑。以下是一份较为成熟的商业计划书顺序安排：

1. 目标简述。紧扣重点，用一句话说明主题，然后说明所需资金的数目及用途。

2. 市场评估。计划书的主题内容要从最有可能打动投资者的部分开始。大多数投资者认为，企业成功的关键在于发现和开发一个足够大的市场。因此，有一条不成文的规定，计划书应当从"市场"部分入手。哪怕产品是继汽车之后最好的发明，哪怕创业者拥有亨利·福特的本事，倘若创意没有市场，或是缺少将产品投入市场的手段，计划书就会被视若废纸，所以市场调查至关重要。要大量使用数据，并提供数据来源，数据可查证的计划书才具有可信度。

3. 创业团队介绍。贷款方和投资方希望知道他们的资金被委托给什么人使用。因此，必须详细说明自己和合作伙伴的商业经历，最关键的是创业团队过去的真实业绩和技术资质。创业团队本身的投入程度也同样重要。如果创始人本身都不敢用真金白银为这份计划承担一定的风险，为何要指望别人来冒险帮助他？

4. 产品或服务的亮点。包括：对产品或服务的简要描述、工作原理、与竞争产品的相对优势、第三方机构的独立评估等。这一部分可能是创业者兴致勃勃、绞尽脑汁想要呈现的内容。事实是，仅仅有一小部分新奇的创意能够转化为商业利益。投资者可能已经目睹过无数绝妙的创意由于各种原因以失败告终。因此，描述产品或服务的亮点时，要保持清醒的头脑，不要过于夸张。切记要用投资者能够接受的方式说服他们相信自己的产品或服务有市场。事实是最好的证明，"这是市场上最好的工具、价格最低"之类的话起不了什么作用，要用可靠的实验数据说明产品为何是最好的，同时还不是最贵的。附件中最好能列出详细的实验数据。

5. 企业的管理方法。管理方法的好坏决定企业的成败，也是投资者非常关注的内容，计划书中要尽可能具体地展示管理方法。首先，你打算如何销售产品？会有自己的销售队伍吗？如何推广？促销活动主要瞄准谁？将于何时开始这些工作？是否能拿出时间表？其次，如果有合作伙伴，他们将如何分工？你将如何保持各部门之间的联系？如何让员工了解公司的动态？第三，概述项目开始时打算采用的生产方法或者前提条件，比如需要什么样的设备、劳动力、原材料。第四，管理体系。公司的行政事务烦不胜烦，如何保证重要的邮件能得到及时的答复？谁来处理财务？谁来负责招聘？第五，管理财务。哪怕是最小的企业都需要随时知道现金头寸，越是大规模的企业越是需要细致的财务控制。创业者不仅自己要了解这些安排，也要让投资者明白你在这一方面有过充足的考虑。

6. 发展战略。至此，你已经描述清楚如何启动、运营项目，投资者还很关心项目未来将如何发展。有些项目只能带来短期收益，有些项目则可以在较长时间持续带来可观的收益。有些企业是小本投入、细水长流，有些企业则需要快速投入大量资金以抢占市场。总之，要向投资人阐述你对市场两年后、五年后以及更远的未来将有怎样的发展的看法。在这一部分，你还可以展望公司可能会取得的成果、会涉足的相关领域，或者展示销售额计划，作为鞭策企业前进的目标。

7. 财务指标。在准备阶段总结现金流、资产负债表、利润表的重点，会帮助投资者勾勒出项目的大致轮廓。应当展示：未来1年的预期营业额、预计净利润、将要存在的负债规模、何时能够完全还清贷款，未来1～5年的发展计划。投资人明白，第一年就盈利的项目几乎都是在吹牛。关键是在多久的未来能够实现盈利，让投资人对投资回报具有心理准备。如果面对的是对资本收益和红利更加感兴趣的权益性投资者，还可以提供预计利润增长率、股息政策、股权交易的政策或者在资本市场上市的计划。

8. 资金的使用计划。对于资金的来源，创业团队最好能想办法自筹资金，以展示经营项目的诚意。把筹集到的资金相加，列出需要支出的项目。比如，建筑安装工程费（购买主要设备）、固定资产购置费用（办公用品和办公室租赁）、铺垫流动资金（购买材料和研发设备）等。最好能够列出需要购买或者租赁的场地和设备的详细清单、数量、价格。

9. 财务预测。财务预测是整个商业计划书的精髓，特别是在现金流预测部分，需要提供大量信息。主要包括：

（1）投资评价。需要根据公司发展战略预计投资现金流量表，根据流量表预计项目的净现值、内部收益率、投资回收期等。考虑创业期间公司在营业收入、生产成本的不确定因素，对投资评价指标做敏感性分析。还需要对企业做盈亏平衡分析，计算盈亏临界点。

（2）财务预测。首先需要根据税收政策、企业会计准则对所得税、折旧方法、分红比例等作出假设，然后预测销量、成本费用等关键指标。预测最好有市场调查做基础，比如开展实地问卷调查，估计居民对产品费用等的接受度。或者是根据类似企业的行业论坛、企业年报、同类型产品等进行推测。其次，提供预测利润表、资产负债表、现金流量表。最后，根据财务报表总体评价企业的获利能力、偿债能力、发展能力、管理能力。如果面对的是权益性投资者，还需要告知风险资本的退出渠道。

10. 支撑前述的附录，特别是有关现金流和其他财务预测的内容，以及能够证明创业团队资金、经验、技术的内容，比如市场研究的准确摘要，媒体对项目相关产品的报道或者采纳证明、宣传手册或者其他宣传材料，产品测试结果，产品专利，注册公司的相关证明，与其他公司达成的合作协议，等等。

如果投资者对某一项内容非常感兴趣，也可以添加这一项内容更详细的信息。比如，政府部门非常关心企业对当地人就业的影响，如果期望得到政府支持，添加企业对拉动就业方面的相关信息，就会给计划书加分。

三、撰写商业计划书的误区

商业计划书必须让投资者看到足够大的市场、管理层的能力、优良的产品、资金满足的需求和意外情况。仅仅一两个方面有亮点还不够，必须提升整体实力，并且能够让投资者看明白。爱德华·布莱克威尔谈到两个可以作为反面教材的例子。

第一份商业计划书出自一所重点大学的科研人员。作者痴迷于团队取得的技术突破，开篇用大量篇幅详细论证这项技术，直到第4页才提到这项技术可以怎样投入商业应用。商业应用被放于次要位置，仅有少量内容介绍研发工作完成之后怎样转化为盈利企业。从细节上看，这份商业计划书主要有5个错误：（1）谈太多技术信息，投资者很难理解；（2）没有明确的发展路线，也没有盈利预测；（3）没有全面考虑商业计划书的受众，技术人员在企业管理中并非一言九鼎，还要能够说服董事会、投资者；（4）开头没有描述产品市场，投资者费力地读完了纯技术内容才看到感兴趣的地方；（5）计划书提到了完成研究的科研人员的名字，却没有指出谁将经营该企业，也没有任何文字表明他们仔细考虑过企业的管理结构。

第二个例子，从商业角度讲比第一个例子更成熟，但是其所犯的错误如下：（1）使用太多生物技术相关术语，投资者需要费力地将其翻译为自己可以理解的语言。过于专业的术语和行话不适合在商业计划书中使用，不得不用的话，必须给予解释。（2）对市场容量过于自信。该计划书认为，自己的产品将会供不应求，保证企业未来繁荣只需要进一步注册资本，无须担忧市场。但计划书中没有任何文字表明该公司预见到了营销对策的必要性，也没有文字表明他们已经建立了一个经过深思熟虑的管理结构或者财务控制制度。

第三节　创业融资

有了商业计划书，创业者对自己的创业蓝图基本清晰，但这只是意味着我们进入了"创业竞赛的海选"，要将计划变成现实，必须获得资金的支持。因此创业的关键一步是要了解与"创业公司"相匹配的融资渠道，并在创业团队与投资方之间构建长远的股权关系。

一、创业融资的渠道

初创型公司资本金通常较为薄弱，缺少抵押物，而且经营风险大，发行债券、银行贷款等渠道融资难度较大，更常见的渠道是政府各类创业支持以及股权融资。

（一）政府创业支持

国家倡导"大众创新、万众创业"以来，很多城市推出了创业补贴政策，对带动就业人数较多、符合国家产业导向、科技含量高、具有自主知识产权或者由重点就业群体（如大学生、登记失业人员、返乡农民工、残疾人等）创办的创业项目给予优先支持。

以长沙市为例，根据2019年长沙创业补贴政策2019，长沙市择优评选200个左右的创新创业带动就业示范项目，按不超过其实际有效投入的50%给予最高10万元项目扶持（大学生合伙创业最高20万）。此外，还有长沙市初创企业创业补贴、长沙大学生创业扶持政策等。

政府创业支持对于初创企业而言是一笔相对容易获得的启动资金，通常只需要已经登记注册，有一定的合法经营年限，无违法记录，以及其他属于重点群体的佐证材料，获得门槛较低。

如果是大学生创业，参加大学生创业大赛也可以获得一定金额的奖金、风险投资或者借助评委对接资金。"创青春"全国大学生创业大赛是知名度最高的创业竞赛，由共青团中央等部委组织实施。参加全国终审决赛的项目会在"中国青创板"综合金融服务平台挂牌展示，"中国青创板"将为青年创新创业项目或初创企业提供孵化培育、规范辅导、登记托管、挂牌展示、投融资对接等各种综合金融服务。截至2018年10月，中国青创板已成功推荐超过2500个项目（企业）上板展示，实现平台融资3.43亿元。

（二）股权融资

股权融资是指企业的股东愿意让出一部分企业所有权，通过企业增资引进新股东的融资方式，总股本同时增加。股权融资所获得的资金，企业无须还本付息，但新股东将与老股东同样分享企业的盈利。与债务融资相比，股权融资不需要抵押担保，也不需要偿还本金、支付高额利息，且投资方可以为企业后续发展提供持续的资金支持，并可提供资产重组、企业改制和走向资本市场的技术支持，帮助企业迅速做大做强。目前，风险投资、私募股权融资、上市融资是最常见的股权融资方式。

风险投资（VC），简称风投，是指风险基金公司将所筹到的资金投入到他们认为可以赚钱的行业或产业的投资行为。在国内，风险投资方式自古就已存在。战国时，"奇货可居"的故事奠定了吕不韦作为中国历史上第一位风投达人的地位。随着"大众创业、万众创新"大环境的不断完善，每年有几十万家创业公司诞生，其中一些备受风投的追捧和青睐。

私募股权融资（PE），是指以非公开的方式向少数机构投资者或者个人募集资金，主要为对未上市企业进行的权益性投资。一般而言，在实施交易的过程中，PE会考虑到未来的退出机制，即通过上市、并购或管理层回购等形式出售持股而获利。PE作为一种金融工具，在提高投资效率、解决投资信息不对称、为投资者提供价值增值等方面有重要价值。目前，PE已成为中国企业，特别是中小企业融资的一个重要渠道，搭建了企业通往资本市场的桥梁。

初创型企业经营了一段时间后，可以考虑上市融资，即公开发行本公司的股票获取企业发展所需的资金。在海内外上市的过程中，上市企业的所有资产将按照市值等额划分，经过证监会等相关部门的批准，以股票的形式在证券市场上公开发行、流通和公开发行。这样一来，投资者就可以通过股市来购买股票，而发行股票的公司企业在短时间内能够筹集到巨额的资金用于企业发展。

📖**相关链接**

股市波动与融资时机

美国在线服务商 PayPal 是在线支付的鼻祖，在它发展的初期，团队采用的是烧钱模式。用户使用 PayPal 无须缴费，还能得到一笔推荐奖金，以致用户扩张越快，公司贴入的资金也越来越多。在 2000 年一季度，公司的收入只有 120 万美元，而运营费用高达 2350 万美元。所以，PayPal 急需资金来续命。

当时，美国的资本市场经历了科技股浪潮后，开始降温。美联储将联邦基金利率提升了好几倍，来防止通货膨胀。纳斯达克指数开始上蹿下跳。PayPal 的创始人彼得·蒂尔快速准确地解读了海外市场发生的一切。虽然暂时崩溃的是公开市场，但是他意识到私募股权可以提供的现金也将很快减少。他督促团队打电话一次次催，直到私募股权投资者将承诺的 1 亿美元分毫不少打入公司账户。

4 月初，最后一笔资金到位，而 4 月 3 日，纳斯达克指数从 3 月的高点 5039 点跌至 4223 点。股市的下滑导致在硅谷获得风险投资变得非常困难。彼得·蒂尔的高瞻远瞩让公司解了燃眉之急。

二、创业融资的注意事项

融资的核心问题是投资方与创业方在利益分配和责任承担上达成共识。融资过程中形成的"权责机制"对创业企业的发展相当重要。投资人的资金不会白白投出去，即使他们明白投资有风险，也会设定某些条件或者建立某种机制来促使创业项目给他们带来预期的回报。洽谈过程中签订对赌协议、股权的安排等都是在融资过程中需要认真考虑的问题。

（一）对赌协议

对赌协议就是投资方与融资方在达成融资协议时，对于未来不确定情况进行约定，如果约定的条件出现，融资方可以行使一种权利，如果约定条件没有出现，投资方可以行使一种权利，实质上就是期权的一种形式。对赌协议是PE和VC投资的潜在规则，协议中的业绩补偿承诺和上市时间是重要条款。

对赌协议是一把双刃剑。2003年，摩根士丹利等投资机构与蒙牛乳业签订类似于国内证券市场可转债的"可换股文据"，通过"可换股文据"向蒙牛注资3523万美元，折合人民币2.9亿元。双方约定从2003年到2006年，蒙牛乳业的复合年增长率不低于50%，如果业绩目标不能完成，公司管理层将输给摩根士丹利约6000万至7000万股的上市公司股份，如果业绩增长达到目标，摩根士丹利等机构就要拿出自己的相应股份奖励给蒙牛管理层。最终，蒙牛实现了预期目标获得价值高达数十亿元的股票。反之，也有中国永乐与摩根士丹利、鼎晖投资对赌，永乐最终输掉控制权，被国美收购。所以，当创业者与PE、VC签订认购股份协议及补充协议时，一定要理解条款背后的逻辑。

（二）股权安排

在创业初期，创业者可能有好项目，但是缺乏资金，这时候投资人可能要求控股地位，融资方作为创始人可能失去控股权，这种架构不一定能对创始人形成良好的激励，所以寻找有远见的投资人也非常重要。

某传媒公司在融资过程中，创业者就与投资人合理分配股权，创业者"小钱占大股"，最终双方都获得了丰厚的收益。初始股权比例中，投资人A占52%的股份，创业者占10%的股份，剩下38%的股权由另外5位合伙人持有。投资人承诺：（1）创业者每完成50万元的业绩，就可以回购5%股份，上限是创业者股份到30%时不再回购，而且只回购投资人A所占的股份，并不涉及其他几个出资人；（2）传媒公司全年利润的一半归创业者所有，剩余一半各股东按股份比例进行分红，即假如公司利润100万，50万归创业者，剩余50万归其他股东，还有10%分红，加起来有55万元的分红。虽然股份只是10%，但是可以得60%的分红。最终的结果是创业项目拿下了当地80%的市场，一年内实现盈亏平衡。

另一个重要的问题是谨慎安排"资源入股"。公司发展不仅仅需要资金，还需要业务资源，整合上下游资源，这种有可能给公司带来发展机会的社会关系就是"资源"。根据我国公司法的规定，出资的形式可以包括货币，也可以用实物、知识产权、土地使用权等可以用货币估价并可以依法转让的非货币财产进行出资。但不包括"资源"，资源入股指的是其他出资人出资，出资源的一方不出资或1元象征性出资，由其他出资人赠予出资源方形成的"干股"，经过赠予后的干股符合法律规定。一旦成了合法的股东，想要取缔股东身份从法律上讲比较困难。在实际中，资源存在很大的不确定性，可以考虑先外部项目单项合作，通过项目提成，可以达到一定标准再吸收进公司做股东；或者采取类股权激励的方式，达到一定条件再将该股权进行变现。

⚙ 知识拓展

持股比例不同对有限公司股东的权力有什么影响？

股东持股比例对股东的权力有重要影响。

34%的持股比例为股东捣蛋线，持有该比例的股东至少拥有7项权力：修改公司章程、增加注册资本、减少注册资本、合并公司、分立公司、解散公司、变更公司形式。

51%的持股比例是绝对控股线。但是绝对控股并不意味着拥有绝对话语权，即使拥有51%的持股比例，但若未达到67%，除非公司章程另有约定，持有51%股份的股东无法就修改公司章程、增加注册资本、减少注册资本、合并公司、分立公司、解散公司、变更公司形式事项进行决策。所以，67%的持股比例是完美控制线。

在中外合资经营企业中，外国合营者的投资比例一般不低于25%。外国投资者在并购后所设外商投资企业注册资本中的出资比例高于25%的，该企业才可享受外商投资企业待遇。

根据《企业会计准则》，当股东持股比例超过20%但是低于50%时，通常被视为对被投资公司有重大影响。投资方一旦对被投资公司有重大影响，将被要求以"权益法"对该项投资进行会计核算。另外，还有申请解散线，即10%的持股比例。如果公司遇到特殊情况，拥有10%以上股权的股东可以去法院立案，申请公司结算、临时召开股东会议。

📖 复习思考

胡润研究院发布《世茂前海中心·2018第二季度胡润大中华区独角兽指数》，榜单结合资本市场独角兽定义筛选出有外部融资且估值超过10亿美元的优秀企业，蚂蚁金服排名第一，估值达万亿。提起支付宝、蚂蚁金服，我们首先想到的是马云。但是截至2018年底，蚂蚁金服共有23名股东，主要是：阿里系高管持股平台，占比约76%，包括君瀚合伙和君澳合伙；国字头资本，占比约13%，包括社保基金、中建投、中国人寿等；私募股权基金，占比约11%，包括郭广昌旗下的基金、马云和好友虞锋一起成立的云峰资本等。在蚂蚁金服的23名股东里，并没有马云的名字。请查找资料，探究一下马云与蚂蚁金服的关系。

术语表

金融　一般是指货币的发行、流通和回笼，贷款的发放和收回，存款的存入和提取，汇兑的往来等经济活动，可以简单定义为资金的融通。金融的本质是实现价值的跨时间交换，这是人们自古以来就广泛存在的需求。

债券　债券是社会经济主体为筹措资金而向投资者发行的、承诺按约定期限和利率水平支付利息和偿还本金的债权债务凭证。

期货　协议双方约定在将来的某一特定时间按约定条件（包括价格、交割地点、交割方式）买入或者卖出一定数量的某种标准资产的标准化协议。

期权　期权的买方有权在约定的时间按照约定的价格买进或卖出一定数量的相关资产，也可以根据需要放弃行使这一权利的标准化合约。

远期　指买卖双方签订的在未来指定的时间按照今日商定的价格购入或卖出资产的一种非标准化合约。

金本位制度　以黄金为本位币的货币制度。在金本位制下，每单位的货币价值等同于若干重量的黄金（即货币含金量）；当不同国家使用金本位时，国家之间的汇率由它们各自货币的含金量之比——金平价来决定。

证券发行注册制　证券发行申请人依法将与证券发行有关的一切信息和资料公开，制成法律文件，送交主管机构审查，主管机构只负责审查发行申请人提供的信息和资料是否履行了信息披露义务的一种制度。其最重要的特征是：在注册制下证券发行审核机构只对注册文件进行形式审查，不进行实质判断。

保单　也叫保险单，上面明确完整地记载有关保险双方的权利义务，是一种正式的保险合同，是向保险人索赔的主要凭证，也是保险人收取保费的依据。

机构投资者　是指用自有资金或者从分散的公众手中筹集的资金专门进行有价证券投资

活动的法人机构。这类投资者一般具有投资资金量大、收集和分析信息的能力强等特点。由于这些投资活动对市场的影响较大，使得机构投资者比较注重资产的安全性，能够充分分散投资风险。按照其主体性质的不同，可以将机构投资者划分为企业法人、金融机构、政府及其机构等。

β系数 也称为贝塔系数，是一种风险指数，用来衡量个别股票或股票基金相对于整个股市的价格波动情况，常见于股票、基金等投资术语中。

夏普比例 又称夏普指数——基金绩效评价标准化指标，即计算投资组合每承受一单位总风险会产生多少的超额报酬。

对冲基金 采用对冲交易手段的基金称为对冲基金，也称避险基金或套期保值基金，是金融期货和金融期权等金融衍生工具与金融工具结合后以营利为目的的金融基金。它是投资基金的一种形式，意为"风险对冲过的基金"。对冲基金采用各种交易手段进行对冲、换位、套头、套期来赚取巨额利润，这些概念已经超出了传统的防止风险、保障收益的操作范畴。加之发起和设立对冲基金的法律门槛远低于互惠基金，使风险进一步加大。

庞氏骗局 是对金融领域投资诈骗的称呼，简言之就是用新投资人的钱向老投资者支付利息和短期回报，以制造赚钱的假象进而骗取更多的投资。该骗局来自意大利裔投机商人查尔斯·庞兹，在中国又被称为"拆东墙补西墙""空手套白狼"。

纳指ETF 全名为广发纳斯达克100交易型开放式指数证券投资基金，是跟踪美国纳斯达克指数的被动型指数基金。

区块链 简单来说，区块链是一个分布式的共享账本和数据库，具有去中心化、不可篡改、全程留痕、可以追溯、集体维护、公开透明等特点。这些特点保证了区块链的"诚实"与"透明"，为区块链创造信任奠定基础。而区块链丰富的应用场景，基本上都基于区块链能够解决信息不对称问题，实现多个主体之间的协作信任与一致行动这些特征。

通货膨胀 是指在货币流通条件下，因货币供给大于货币实际需求，也即现实购买力大于产出供给，导致货币贬值，从而引起一段时间内物价持续而普遍上涨的现象。其实质是社会总供给小于社会总需求，即供小于求。

共享经济 一般是指以获得一定报酬为主要目的，基于陌生人客群且存在物品使用权暂时转移的一种新的经济模式。其本质是整合线下的物品、劳动力、教育医疗等资源，通过互联网作为媒介来实现资源共享并获得收益。

资本回报率 是指投入资金所获得的回报（回报通常表现为获取的利息或分得的利润）的比例。这个指标通常用来衡量一个公司投入资金的使用效果。

现金流量表 反映企业在某一会计期间内经营活动、投资活动和筹资活动，并对现金及现金等价物产生影响的财务报表。

资产负债表 表示企业在一定日期（通常为会计期末）的财务状况的主要会计报表。反映企业资产、负债、所有者权益的总体规模和结构。

利润表 反映企业在会计期间内经营活动的财务报表，包括收入、费用、利润。

图书在版编目（ＣＩＰ）数据

创富人生 ： 大学适用 ／ 国信证券编写. -- 杭州 ：
浙江教育出版社，2020.8（2020.12 重印）
　（校园财商素养丛书）
　ISBN 978-7-5722-0463-0

　Ⅰ．①创… Ⅱ．①国… Ⅲ．①财务管理－青年读物
Ⅳ．①TS976.15-49

　中国版本图书馆CIP数据核字(2020)第118794号

创富人生（大学适用）

CHUANGFU RENSHENG DAXUE SHIYONG

国信证券　编写

特约编辑：钱向劲		策划编辑：杨泽斐	
责任编辑：彭　宁		责任校对：徐荆舒　戴正泉	
美术编辑：韩　波		责任印务：陆　江	
封面设计：杭州林智广告有限公司			
出版发行：浙江教育出版社			
（杭州市天目山路40号　电话：0571-85170300-80928）			
图文制作：杭州林智广告有限公司			
印刷装订：浙江新华印刷技术有限公司			
开　　本：787mm×960mm　1/16		印　　张：9	
成品尺寸：182mm×230mm		字　　数：190 000	
版　　次：2020年8月第1版		印　　次：2020年12月第3次印刷	
标准书号：ISBN 978-7-5722-0463-0			
定　　价：25.00元			